油田生产故障解析 500 例

大庆油田第四采油厂　编

石油工业出版社

内 容 提 要

本书汇集了采油工、采油测试工、井下作业工、集输工、油气田水处理工、注水泵工、注聚工七个岗位上生产流程、设备容器及技能操作中常见的生产故障和事故的解析。通过对各岗位常见故障及事故进行现象呈现、原因分析，采取相应处理方法，使岗位员工能够更加明确"如何避免故障、如何解决故障、如何处理事故"等问题，是岗位员工不可缺少的一本工具书。

本书可供石油行业一线员工参考阅读，也可作为石油院校相关专业师生的学习资料。

图书在版编目（CIP）数据

油田生产故障解析 500 例/大庆油田第四采油厂编 .
—北京：石油工业出版社，2019.10
　　ISBN 978-7-5183-3630-2

　　Ⅰ．①油…　Ⅱ．①大…　Ⅲ．①石油开采-事故处理-案例　Ⅳ．①TE35

中国版本图书馆 CIP 数据核字（2019）第 219521 号

出版发行：石油工业出版社
　　　　　（北京安定门外安华里 2 区 1 号　　100011）
　　　　　网址：www.petropub.com
　　　　　编辑部：(010) 64523541　图书营销中心：(010) 64523633
经　　销：全国新华书店
印　　刷：北京晨旭印刷厂

2019 年 10 月第 1 版　　2019 年 10 月第 1 次印刷
787×1092 毫米　开本：1/16　印张：14.75
字数：376 千字

定价：52.00 元

《油田生产故障解析 500 例》
编　委　会

编 审 组

编写人员

　　采油部分：张春超

　　采油测试部分：丁洪涛

　　井下作业部分：王克新

　　集输部分：王慧玲　段宝昌　刘新丽

　　油气田水处理部分：李春丽

　　注水站部分：邓兆玉

　　注聚站部分：周晓玲

审核人员

　　于　珊　张云辉　盛　迪　王殿辉　罗　琦

　　赵玉梅　王冬云

前　言

随着企业产业升级、装备技术更新改造步伐加快，对油田各工种从业人员的素质和技能提出了新的、更高的要求。在石油采输过程中任何一环节发生故障和事故都会直接影响到油田的正常生产。因此，基层员工必须掌握石油采输过程中每个岗位的故障分析与诊断方法，通过分析和诊断找出原因，采取相应措施以恢复油田正常生产，达到降本增效目的，并满足经济发展方式转变和新技术变化的要求。为满足各工种岗位员工现场故障分析、事故处理、应急预案处置等操作指导以及员工培训、鉴定工作中故障分析技能的需求，特组织编写本书。

本书汇集了采油工、采油测试工、井下作业工、集输工、油气田水处理工、注水泵工、注聚工七个岗位的生产流程、设备容器及技能操作中常见的生产故障和事故的解析。本书具有很强的实用性、可操作性和推广价值，通过对各岗位常见故障及事故进行现象呈现、原因分析，采取相应处理方法，使岗位员工能够更加明确"如何避免故障、如何解决故障、如何处理事故"等问题。

《油田生产故障解析 500 例》由大庆油田第四采油厂组织编写，参加编写人员有张春超、丁洪涛、王克新、王惠玲、段宝昌、刘新丽、李春丽、邓兆玉、周晓玲等。本书的编写得到了各级领导高度重视，在编制过程中采油厂和相关部门领导给予了大力支持，为本书提出了很多宝贵建议。

本书涉及工种多、内容广，加之编写者水平有限，书中难免出现不当之处，敬请广大读者批评指正。

目　录

第一部分

采　油

游梁式抽油机常见故障

1. 抽油机电动机无法启动的故障分析及处理方法

（1）电动机过载运行时，电动机保护动作后未复位，此时保护器上的过载指示灯亮，电动机无法启动。

处理方法：

①将保护器复位，解除过载保护后启机；②将空气开关重新分、合后启动抽油机。

（2）配电箱启动按钮失灵后，启动电动机时，交流接触器不吸合，电动机不运转，此时虽然保护器上电源指示灯常亮，但是电动机无法启动。

处理方法：

汇报专业电工，由专业电工检查更换启动按钮。

（3）理石闸刀的某一相保险烧断后，造成电源缺相。启机时，交流接触器吸合后，电动机不转动并且发出很大的"嗡嗡"声，配电箱内保护器断相指示灯亮。

处理方法：

汇报专业电工，更换相同规格保险后，合上理石闸刀、空气开关后，启机。

（4）交流接触器动、静触点烧坏，启机时交流接触器吸合不住，此时电动机保护器电源指示灯正常，但电动机无法启动。

处理方法：

汇报专业电工更换交流接触器后，启机。

（5）电动机相间或对地绝缘损坏。电动机绝缘损坏后，启机时交流接触器一旦吸合，空气开关立即保护跳闸。

处理方法：

由专业电工鉴定后，如绝缘损坏则更换电动机。

（6）电动机输出端遇卡，电动机无法启动。如电动机轴承损坏、卡死，启机时电动机无法启动，保护器保护动作后过载指示灯亮或空气开关立即保护跳闸。

处理方法：

汇报专业电工，更换电动机轴承后启机。

2. 抽油机皮带松弛故障及处理方法

故障现象：

皮带打滑、跳动、伴有异响，传动效果变差，严重时，上冲程运行的过程中，抽油机无法举升曲柄及平衡块，电动机空转，皮带冒烟，进而断裂。

故障原因：

（1）皮带型号选择不合适，如安装的皮带型号大于抽油机皮带规格型号时，会出现安装完毕后皮带过于松弛甚至无法安装，影响传动效果甚至导致皮带无法运转。

（2）皮带制造质量不符合标准，同一型号的皮带长度误差较大。安装后出现松弛现象。

（3）当电动机滑轨的固定螺栓、顶丝松动时，在皮带拉伸力的作用下会使滑轨及电动机整体产生位移，皮带产生松弛。

（4）电动机固定螺栓松动。在皮带的拉力下，电动机后部被拉起，造成皮带松弛。

（5）皮带拉长。皮带具有一定的拉伸性，运转一段时间后会被拉长，导致皮带产生松弛。

处理方法：

（1）选择规格型号一致的皮带，提高皮带制作标准。

（2）顶紧顶丝，紧固滑轨固定螺栓及电动机固定螺栓。

（3）皮带拉长时，调整皮带的拉紧度，利用顶丝的推力使皮带拉紧。

3. 抽油机刹车常见故障及处理方法

故障现象：

（1）拉紧刹车后曲柄继续运动，抽油机不能停在预定位置。

（2）推刹车把和拉刹车把时几乎不动，横向连杆发生变形。

（3）刹紧刹车后，虽然可以停在预定位置，但短时间内曲柄出现自动下滑现象。

故障原因：

（1）刹车行程调整不合理，未在规定的范围内，张合度调整不合理，引起刹车的性能下降。

（2）刹车片严重磨损，拉紧刹车把后，刹车片与轮（毂）的摩擦力不够。

（3）刹车扇形换向轴润滑不好，锈死，刹车拉不动。

（4）刹车片被润滑油污染，摩擦力降低，未起到制动的作用。

处理方法：

（1）调整刹车行程至牙盘 1/2～2/3 之间。调整好张合度，刹紧刹车时，刹车片与轮（毂）完全接触，松开后，刹车片与轮（毂）的间隙在 2～3mm。

（2）更换磨损严重的刹车蹄片。

（3）将扇形换向轴拆开，轴套内加注润滑脂，调整好两个摇臂位置，不得有刮卡现象。

（4）清理刹车轮（毂），保证刹车轮（毂）与刹车片之间无脏物、油污。对于污染严重的刹车蹄片，则必须进行更换。

4. 抽油机生产回压过高的故障及处理方法

故障原因：

（1）抽油机井回油管线结垢。管线结垢后管径缩小，导致回压逐渐升高。

（2）回油温度低，井液黏度大，使原油凝固或原油中的蜡析出附着在管线内壁，造成回压升高。

（3）计量间内单井回油阀门损坏。造成憋压，使井口回油压力升高。

（4）工艺流程设计不合理。输油管线管径细，输油距离长，直角弯过多，导致抽油机回压高。

（5）掺水量过大，导致井口回压升高。

（6）集油流程中有阀门未打开，如单井井口回油阀门或计量间回油阀门未打开或闸板脱落，导致流程不通造成憋压引起井口回压升高。

处理方法：

（1）管线结垢后可采用酸洗等方式进行除垢，酸洗后井口回压应降至合理范围内。结垢严重时应更换管线。

（2）对于回油温度低，黏度大的井提高掺水温度，冲洗地面管线。

（3）因阀门故障导致回压升高，应及时维修或更换。

（4）工艺流程设计不合理，增大输油管线直径。

（5）对于掺水量过大的井，根据生产情况合理控制掺水量。

（6）检查集油流程中的各控制阀门，发现有未打开阀门应及时打开，如有闸板脱落损坏等现象应及时维修或更换阀门。

5. 抽油机井活塞脱出工作筒和碰泵故障及处理方法

故障原因：

（1）防冲距过大，会导致活塞部分或全部脱出工作筒。抽汲的液体会回落到泵筒内，产液量降低，泵效降低，全部脱出时甚至会无泵效。

（2）作业后，由于调配管柱错误，抽油杆长度与下泵深度不匹配，使活塞未进入泵筒。此时油井无产量，憋泵时显示无泵效。

（3）负载卡子未打牢，导致光杆下滑或防冲距调整过小，活塞撞击固定阀罩，下死点时，井内有明显的撞击声音。易造成泵阀的损坏，导致抽油泵无法正常工作。

处理方法：

（1）对于防冲距过大，活塞部分脱出工作筒，下放光杆，重新下探防冲距，根据油井下泵深度和泵径具体情况重新调整防冲距。

（2）作业后出现活塞全部脱出工作筒，无泵效的情况，报作业返工落实处理。

（3）对负载卡子不牢导致光杆下滑或防冲距调整过小引起碰撞的井，根据油井下泵深度和泵径的具体情况重新调整防冲距后，紧固负载卡子，如遇井下负荷较重的油井，可安装两个负载卡子，并在管理中尽量避免因砂、蜡等因素对负荷的影响。

6. 抽油机曲柄销子异响的故障及处理方法

故障原因：

（1）冕型螺母紧固不到位、松动、没安装止退螺母或止退挡板，导致曲柄销子外移。

（2）曲柄销子和销套的锥度配合不当，接触面积不够，小于 65%，导致曲柄销子和衬套磨损。

（3）曲柄销子轴承润滑不良，导致轴承磨损，出现有规律的异响。

处理方法：

（1）冕型螺母松动，紧固冕型螺母，安装止退螺母或止退挡板，画好防退线，加密检查。

（2）曲柄销子和衬套的锥度配合不当或曲柄销子轴承损坏时，应更换曲柄销子总成。

（3）应定期地对曲柄销轴承加注润滑脂，在日常巡回检查中也应检查轴承润滑情况，发现缺油随时补充。

7. 抽油机减速箱漏油的故障及处理方法

故障原因：

（1）减速箱回油道堵塞，齿轮油不能回流到油池内，轴承供油量增多，在减速箱震动、油封间隙等多重因素影响下造成漏油。

（2）减速箱内润滑油过多，会引起油温过高，润滑油加速变质，减速箱内压力增加，导致油封密封不严，造成漏油。

（3）油封失效、唇口磨损严重导致密封性变差，运转时从各油封处漏油。

（4）合箱面密封不严，螺栓松动或未涂抹密封胶，齿轮油从合箱面的缝隙中渗出。

（5）减速箱的呼吸阀堵塞，使减速箱内的压力增大，从各轴油封处或观察口边缘处漏油。

（6）由于维修保养后未紧固到位或密封材料损坏，从油位看窗或放油丝堵处渗油。

处理方法：

（1）对于回油槽堵塞造成的漏油应检查清理回油槽。

（2）润滑油过多可打开减速箱放油丝堵，放掉减速箱内多余的润滑油，静止时箱内的油位应在看窗的 1/3～2/3。

（3）合箱面不严可重新进行组装，组装时应在合箱面处涂抹密封胶，如合箱面螺栓松动，紧固合箱面螺栓。

（4）油封损坏造成的漏油，应更换油封。

（5）对于呼吸阀堵塞造成的漏油应拆洗，清理呼吸阀。

（6）看窗或放油丝堵处渗油应更换密封材料重新紧固。

8. 抽油机掺水阀冻堵的故障及处理方法

此故障发生在高寒地区油田冬季。

故障原因：

（1）在掺水伴热的油田，掺水系统来水压力低，造成掺水量低，使掺水阀冻结。

（2）油井产出液黏度大，输送距离远，掺水量控制过低，产出液在管线中流动速度变慢，最后导致掺水阀冻结。

（3）油井回油管线回压过高，造成掺水量逐渐降低，最终导致掺水阀冻结。

（4）掺水阀被脏物堵塞，水流不通，导致掺水阀冻结。

（5）井组采取挂线工艺流程，远端挂线井分配到的掺水量过少，造成掺水阀冻结。

（6）油水连通阀门不严，使掺水阀的过水量大幅降低，造成掺水阀冻结。

（7）单井冬季作业过程中，打开油水连通防冻但未将掺水阀处的存水放空，导致作业后投产时掺水阀冻结。

（8）掺水伴热油田，转油站发生长时间停泵故障，井口无掺水导致掺水阀冻结。

处理方法：

（1）当掺水系统压力低时，转油站应提高供给计量间的掺水系统压力。

（2）对于产出液黏度大，输送距离远的油井，应适当提高掺水量。

（3）对于回压高的井，开大直通阀门冲洗地面管线，并用热水对掺水阀解冻。

（4）当掺水阀被赃物堵塞时，先冲洗解堵，如冲洗无效，则应拆卸清洗掺水阀。处理完成后，按单井实际情况合理调控掺水量。

（5）井口易冻部位进行保温，减少热量损失。

（6）修理或更换油水连通阀门，合理控制掺水阀的过水量。

（7）在冬季作业时，与施工单位密切沟通，并监测掺水阀及连接管线存水是否放空，如有冻结则及时联系施工单位处理。

（8）及时处理转油站掺水泵故障，避免长时间停泵。在恢复掺水后及时疏通掺水阀。

9. 抽油机井油管悬挂器顶丝密封填料渗漏故障及处理方法

故障原因：

油管悬挂器顶丝密封填料损坏或顶丝压帽未压紧，使填料密封性变差，导致油管悬挂器顶丝密封处渗漏。

处理方法：

（1）预先压井。如果套压过高，应先放套管气降低套压。套压符合要求后，导通流程进行压井。

（2）按停机操作规程将抽油机停在上死点。

（3）关闭油管生产阀门、套管阀门，打开套管放空阀门、油管放空阀门泄压。

（4）余压泄净后，卸下顶丝密封填料压帽。

（5）取出旧密封圈。

（6）将新密封圈涂润滑脂，加入到顶丝密封盒中，紧固顶丝压帽。

（7）倒回原生产流程，检查密封情况。

（8）按操作规程启机。对于顶丝压帽未压紧引起的渗漏则应倒流程放空，紧固顶丝压帽后启机。

10. 抽油机胶皮阀门芯子损坏故障及处理方法

故障现象：

更换光杆密封盒填料时，在关闭光杆密封器，打开密封盒压帽后，井液溢出。井下压力大的油井，发生井喷，无法更换密封盒填料。

故障原因：

（1）更换密封填料后，启动抽油机前没有及时打开胶皮阀门。胶皮芯子与光杆发生剧烈摩擦导致有效使用部分被磨损，无法起到密封作用。

（2）更换密封填料后，胶皮阀门开启过小。胶皮阀门芯子与光杆摩擦，导致有效密封部分被损坏，无法起到密封作用。

（3）胶皮阀门芯子固定螺栓脱落，使胶皮阀门芯子与胶皮芯子座脱离，无法起到密封作用。

（4）由于长期使用，导致胶皮阀门芯子老化破裂或损坏，起不到密封作用。

处理方法：

处理抽油机胶皮阀门芯子损坏故障时，应先倒流程压井，泄压后，方可进行操作。

（1）预先压井，如果套压过高，应先放套管气降低套压。套压符合要求后，导通流程进行压井。

（2）按停机操作规程将抽油机停在上死点。

（3）关闭油管生产阀门、套管阀门，打开套管放空阀门、油管放空阀门泄压。

（4）卸下两侧胶皮阀门压盖及胶皮阀门芯子，更换损坏的阀门芯子。胶皮阀门芯子固定螺栓脱落时，紧固螺栓，松紧度要适中。

（5）安装胶皮阀门压盖及芯子，倒回原流程，试压合格后启机。

11. 抽油机井油压、套压异常的故障及处理方法

故障原因：

（1）结蜡、结垢堵塞地面管线，造成产出液回流不畅，憋压导致油压上升。

（2）地层压力低，供液能力下降，产出液量减少，导致油压下降。

（3）杆、管断脱后动液面上升，井液无法产出，油压突然下降。

（4）油管挂密封圈损坏，造成井口油套窜通，导致油、套压接近平衡。

（5）泵筒严重进气，形成气锁，导致油压下降。

（6）地层间歇出液，出液时油压上升，不出液时油压下降，油压值随地层出液情况波动。

（7）套管控制阀门未打开或套压放气阀控制不合理，导致油井产出气无法输出到回油管线，引起套管内气压上升。

处理方法：

（1）结蜡用热水冲洗地面管线解堵，管线结垢采取酸洗或更换管线。

（2）地层压力低，供液能力下降，应测试调配，提高注水井连通层的注水量。

（3）杆、管断脱或油管悬挂器密封圈损坏，进行作业更换。

（4）泵筒严重进气，形成气锁。采用热洗方法，排除泵内气体，使抽油泵恢复正常抽油状态。产气量高的井加装井下防气装置。

（5）地层间歇出液的井，提高对应注水井的注水量。调小工作参数，提高泵的充满系数。

（6）日常生产时要打开套管控制阀门，根据单井产气情况合理控制套压放气阀。

12. 抽油机井热洗时常见故障及处理方法

故障原因：

（1）热洗时油管内壁及抽油杆柱的蜡受热、脱落，部分堆积在抽油杆接箍部位，使摩擦阻力增大，抽油杆下行困难，导致光杆下行滞后，与驴头产生不同步现象。

（2）结蜡严重时，油管内壁、抽油杆柱的蜡受热大面积脱落，大量堆积在抽油杆接箍部位及泵筒内，使抽油杆停滞无法下行。

（3）井口油套连通阀门漏失，部分洗井液通过油套连通阀门直接进入回油管线，导致短时间内计量间热洗井回油温度上升过快。

（4）热洗阀门损坏，洗井液无法进入套管，导致洗井不通。

（5）热洗过程中，当油管悬挂器密封处漏失，热洗液通过漏失部位，经生产阀门进入回油管线。导致短时间内井口及计量间热洗井回油温度上升过快。

（6）热洗过程中，蜡块及其他杂质融化脱落，导致固定阀或游动阀遇卡造成漏失，洗井液无法形成有效循环，井口及计量间热洗井回油温度上升缓慢或不上升。

处理方法：

（1）热洗过程中，光杆下行发生滞后、不同步现象，应及时加大热洗排量。

（2）抽油杆停滞遇卡无法下行，将活塞拔出工作筒进行洗井，对于带脱接器的抽油泵不能使用此方法。

（3）井口油套连通阀门漏失，维修或更换阀门。

（4）热洗过程中，当油管头漏失或固定阀、游动阀严重漏失，热洗无效时，进行检泵作业。

13. 抽油机井造成翻机的故障原因分析

（1）中轴故障造成翻机的原因。

① 中央轴承座顶丝松动退扣，导致中央轴承座产生严重位移，四条固定螺栓松动磨损断裂，造成翻机。

② 中轴轴承润滑不良造成严重磨损，使轴承损坏，支架轴倾斜，轴承盒破裂，游梁倾斜造成翻机。

（2）尾轴故障造成翻机的原因。

① 尾轴承支座固定螺栓松动，尾轴承支座和游梁之间产生间隙。尾轴螺栓负荷增大，受力不均匀，螺栓拉断造成翻机。

② 尾轴承支座固定螺栓松动退扣，尾轴承支座和横梁之间产生间隙。螺栓负荷增大，受力不均匀断开造成翻机。

③ 尾轴轴承润滑不良造成严重磨损，使轴承损坏，轴承盒磨损破裂，游梁和横梁失去连接造成翻机。

④ 尾轴承卡瓦螺栓松动，在交变载荷的作用下，导致卡瓦断裂，游梁与横梁分离，引起翻机。

（3）曲柄销轴损坏造成翻机的原因。

① 冕形螺母未上紧，导致曲柄销子脱出冲程孔，连杆单边受力，造成翻机。

② 曲柄销轴承损坏，导致连杆与曲柄销轴承从曲柄销轴上脱出，连杆单边受力，造成翻机。

③ 曲柄销子和衬套接触面积不够，产生相对位移严重磨损，垫片磨碎，曲柄销子带动冕形螺母脱出冲程孔，连杆单边受力，造成翻机。

④ 曲柄销子存在制造缺陷，使用中应力分布不均匀疲劳断裂，连杆单边受力，造成翻机。

（4）减速箱输出轴键槽损坏造成翻机的原因。

① 抽油机严重不平衡，在交变载荷作用下，使曲柄键与键槽配合间隙逐渐增大，导致键子从键槽中移出，对连杆产生切割，随着切割部位深度增加连杆断裂，抽油机在一侧连杆带动下继续运转，连杆单边受力，使抽油机失去平衡造成翻机。

② 减速箱输出轴键子安装不合格，造成使用中曲柄键与键槽配合不紧密，导致键子从键槽中移出，对连杆产生切割，随着切割部位深度增加连杆断裂，抽油机在一侧连杆带动下继续运转，连杆单边受力，使抽油机失去平衡造成翻机。

③ 曲柄拉紧螺栓松动，使曲柄在减速箱输出轴外移，抽油机在一侧连杆带动下继续运转，连杆单边受力，使抽油机失去平衡造成翻机。

14. 抽油机井出液不正常的原因及处理方法

（1）地面因素：

由于套压放气阀控制不当，套压逐渐升高，动液面下降，使进入泵筒的液量减少，造成油井出液不正常。

（2）井筒因素：

① 由于作业施工时安装质量问题导致螺纹处漏失或油管腐蚀、磨损造成油管穿孔、开裂。油管漏失后，井液从漏失处进入油套环形空间，导致井口出液量减少。

② 抽油杆断脱后，无法带动活塞运动，深井泵不能正常工作，导致油井出液不正常或不出液。

③ 由于深井泵长期工作磨损或油井出砂等因素的影响造成活塞与泵筒间隙增大，导致产液量减少。

④ 由于油井结蜡或泵阀磨损，导致阀球与阀座配合不严，产生漏失，造成油井出液不正常或不出液。

（3）地层因素：

① 使用压井液压井后替液不彻底，油层受到污染，导致油井出液不正常或不出液。

② 油井卡封、改层作业后，接替层供液能力弱，导致油井出液不正常或不出液。

③ 对于安装井下控制器的油井，由于下泵深度不够或分层开采管柱下移，井下控制器（活门）没打开，导致油井无产量。此种情况多发生于作业检泵开井后。

（4）处理方法：

① 合理控制井口套压。

② 当泵阀被卡时，先热洗解卡，如无效后则作业检泵。

③ 当发生油管漏、杆断及抽油泵磨损等故障，作业处理。

④ 油层受伤害或堵塞时，首先应进行热洗，热洗无效后采取酸化或压裂措施解堵，对于卡封改层后引起的不出液可采取压裂增产措施。

⑤ 对于井下控制器没打开或分层开采控制管柱下移的油井，报作业处理。

15. 抽油机井取样阀门常见故障及处理方法

故障现象：

（1）取样阀门打不开。

（2）取样阀门打开后不见井内液体流出。

（3）取样阀门关闭不严。

故障原因：

（1）取样阀门长期关闭，阀芯与阀座锈蚀或严重结垢，造成阀门打不开。

（2）取样阀芯脱落或阀杆断裂，内部始终处于关闭状态。

（3）油井出砂或阀门损坏，造成阀门关闭不严。

处理方法：

（1）现场处理方法：用柴油浸泡，用手锤震动，使用力矩较大的工具进行旋转将其打开。

（2）更换取样阀门。

（3）如遇出砂井，可反复多次开关阀门。如无效则更换阀门。

16. 抽油机井卡泵的原因及处理方法

故障现象：

抽油机井不出油，光杆卡滞，上行电流猛增，电动机声音不正常，严重时出现断光杆、断毛辫子等现象。

故障原因：

（1）油井结蜡严重或热洗周期不合理，导致蜡凝结在杆、管、泵上造成卡泵即蜡卡。

（2）油井出砂严重，砂进入泵内，堵塞泵的间隙，严重时造成卡泵即砂卡。

（3）井下落物，如刮蜡片、扶正器破碎后，将油管与抽油杆之间卡死，造成卡泵即异物卡泵，这种卡泵往往比较严重，伴随杆断同时发生。

处理方法：

（1）由于结蜡造成的卡泵进行热洗解卡。

（2）对于出砂造成的卡泵，作业冲砂解卡。

（3）对于井下落物造成的卡泵，作业打捞、检泵解卡。

17. 抽油机井井口设备渗漏的原因及处理方法

井口设备渗漏一般发生在法兰、卡箍、螺纹连接等部位。

故障原因：

（1）法兰螺栓紧固不均衡，法兰偏斜；法兰螺栓缺失，使法兰紧固不到位，无法密封。

（2）卡箍或法兰钢圈损坏；卡箍紧固螺栓松动；卡箍型号与井口装置型号不符，卡箍过大导致紧固不到位产生钢圈松动造成渗漏。

（3）螺纹损坏造成渗漏；螺纹连接时未加麻丝、聚乙烯胶带、铅油等密封填料；螺纹型号不对，强行紧固，形成造扣，或螺纹内有砂、泥等造成连接不良，造成渗漏。

处理方法：

处理井口装置的渗漏故障，要倒流程并放空后方可操作。根据渗漏的具体原因来处理。

（1）由于法兰或卡箍紧固不当应采取调整螺栓松紧、对称度等方法处理。

（2）由钢圈损坏造成的渗漏应更换钢圈；也可在轻微损伤的钢圈表面缠绕聚乙烯胶带增强密封性。

（3）由于装置型号不符造成的渗漏，应根据设备型号，更换配套的法兰或卡箍等配件。在螺纹连接的部位应添加密封材料以保证密封。

18. 抽油机热洗时发生蜡卡的原因及处理方法

故障现象：

上冲程电动机电流增大，下冲程电流也逐渐增大，电动机伴有沉闷的"嗡嗡"声；下冲程时光杆下行受限，光杆运动与驴头运动不同步。

故障原因：

（1）热洗时，来水温度低未起到融蜡效果。

（2）热洗过程中，发生意外停热水泵，或抽油机发生故障而被迫停机，蜡块没有及时被排出造成蜡卡。

（3）油套管窜通。油管头不密封，使洗井热水直接从油管头返至出油管线，洗井热水很难进入泵内，未起到热洗熔蜡的目的。长时间未处理，久而久之发生抽油泵蜡卡。

（4）热洗时排量调节不合理。无法将蜡块完全融化并排出，导致蜡卡。

处理方法：

严格遵守热洗操作规程。

（1）有以下情况之一者不能热洗：来水温度低于 75℃、来水压力低于套管压力不洗；热洗泵带病运转不洗；通知停电不洗；井口流程有渗漏不洗；井口油套窜通不洗；抽油机故障未排除不洗。

（2）热洗时应分阶段增加热洗排量，均衡融蜡，保证油井有足够的熔蜡与排蜡时间，热洗中不准停抽。

（3）如果结蜡比较严重，泵径较小，且已经造成卡泵，应把活塞提出泵筒以增大排蜡的空间。大泵径有脱接器的油井不适用此方法。

19. 抽油机井憋压时，油压表指针不上升，且光杆发热，油井不出油的原因及处理方法

故障原因：

（1）固定阀和游动阀失灵或遇卡，造成抽油泵失效。

（2）抽油泵柱塞未进入泵筒，造成抽油泵失效。

（3）抽油杆或油管断脱，造成抽油泵失效。

（4）大泵径油井，脱卡器与活塞脱接，或脱卡器损坏无法和活塞产生连接。

处理方法：

（1）热洗或碰泵，漏失严重应作业检泵。

（2）合理的调整防冲距。

（3）作业打捞抽油杆或换管。

（4）碰泵操作，将脱卡器与活塞对接。如作业起出抽油杆，更换脱卡器。

20. 抽油机井井口阀门垫子刺漏的故障原因及处理方法

故障原因：

（1）阀门法兰螺栓松动或紧固时受力不均偏斜造成刺漏。

（2）阀门法兰及工艺超出工作压力，高压使法兰失去密封性，造成刺漏。

（3）法兰垫子腐蚀损坏或法兰面间水纹线密封面有脏物，达不到密封要求，造成刺漏。

（4）集油流程中有阀门未打开或阀门闸板脱落（如单井回油阀门、计量间回油阀门）造成憋压，导致井口阀门垫子刺漏。

处理方法：

（1）紧固松动的阀门法兰螺栓，紧固时应对角紧固，使各条螺栓受力均匀。

（2）使用与工艺的工作压力相对应的阀门或垫子。

（3）更换破损的阀门法兰垫子，更换时应将法兰与阀门的密封水纹线清理干净。

（4）保持集油流程通畅，发现有阀门故障时及时修理或更换损坏阀门。

21. 抽油机曲柄销子退扣的原因及处理方法

故障原因：

（1）曲柄销止退螺栓备帽松动。

（2）安装时曲柄销与销套的锥面接触不紧密。

（3）圆锥孔内脏，曲柄销套安装不到位。

（4）曲柄销套的锥面磨损导致曲柄销与销套接触面积不够。

（5）曲柄销轴与销套不匹配。

（6）两侧曲柄销装反。曲柄销螺纹旋向，一个为左旋，一个为右旋。且运转时要与抽油机转向相对应，以达到不退扣的目的。

处理方法：

（1）卸松曲柄销备帽并退出，紧固冕型螺母后再紧固好备帽。

（2）全部卸松退出取下，换新的合格的销子及套。

（3）清理曲柄销孔，重新安装曲柄销套。

（4）曲柄销套锥面磨损，应更换曲柄销总成，重新装配，保证销与销套接触面积大于65％。

（5）更换配套的曲柄销轴和销套。

（6）更换曲柄销时应根据抽油机旋转方向确认好两侧销子的旋向。

22. 抽油机曲柄在输出轴上外移的原因及处理方法

故障现象：

曲柄在输出轴上向外移，从后面看抽油机连杆不是垂直而是下部向外，严重时掉曲柄，造成翻机事故。

故障原因：

（1）曲柄键不合格，输出轴键槽损坏或曲柄键槽损坏。

（2）曲柄拉紧螺栓松动，使曲柄键与键槽结合不紧密。

处理方法：

（1）曲柄键损坏可更换曲柄键。

（2）如输出轴键槽损坏可更换输出轴，或根据键槽加工异形键子。

（3）紧固曲柄拉紧螺栓，使曲柄键与键槽结合紧密。

23. 抽油机井油管、套管串通的故障及处理方法

故障现象：

（1）热洗时在井口能听到响声，井口温度短时间即达到进出口一样的温度。

（2）量油时油井产量下降。

（3）液面（流压）抽不下去。

（4）抽压时稳不住压力，严重时油压不起，正注打压时出现油套压平衡现象。

故障原因：

（1）油管悬挂器损坏。

（2）油管悬挂器密封圈损坏。

（3）油管有漏失现象或油管与油管悬挂器丝扣连接处漏失。

处理方法：

（1）作业更换油管悬挂器。

（2）报作业小修更换油管悬挂器密封圈。

（3）油管漏时作业换管，如是螺纹连接问题，则作业重新组装油管与油管悬挂器，并在螺纹处涂抹厌氧胶、铅油等密封材料。

24. 采油树大法兰钢圈刺漏的原因及处理方法

故障现象：

采油树大法兰钢圈刺漏时常有油污渗出，水井有漏水现象或成雾状喷射。这里通常是指上法兰钢圈刺漏，而下法兰钢圈刺漏时只有起出油管才能更换。

处理方法：

压井后，关闭抽油机、断电，关生产阀门，将油管压力放净，如是水井、电泵井，可抬井口更换大法兰钢圈。如是抽油机井，应将抽油杆放到井底。卸掉大法兰螺栓和生产阀门的内卡箍，卸掉光杆密封盒压帽取出密封填料，将大法兰以上的部分从光杆中拔出（注意与吊车配合），从大法兰上取下刺坏的钢圈，从光杆的末端拿掉旧钢圈。新钢圈抹少许黄油，依次将采油树拔出的部件穿过光杆，安装到采油树上，上紧法兰螺栓，卡好生产阀门内卡箍，装上新的光杆密封填料、上好压帽，开生产阀门，按操作规程启动抽油机，收拾好工具和现场。

25. 抽油机采油树卡箍刺漏的原因及处理方法

故障原因：

（1）卡箍紧固螺栓未上紧或紧固得不均匀。

（2）管线不对中。

（3）卡箍钢圈损坏。

（4）卡箍不配套。

处理方法：

（1）重新上紧卡箍紧固螺栓，紧固时须对称紧固。

（2）靠外力使管线对中或用电火焊重新连接对中。

（3）更换卡箍钢圈。关井卸压，卸开卡箍，取出旧钢圈，更换新钢圈，重新将卡箍紧固即可。

（4）更换配套卡箍。

26. 抽油机整机震动的原因及处理方法

故障现象：

抽油机运转过程中应保持平稳，震动应在合理范围内，整机震动过大会导致抽油机机件使用寿命缩短，各部分紧固螺栓退扣、断裂，减速箱各轴承漏油，甚至出现严重的机械事故。

故障原因：

（1）基础不牢固，连接件开焊，运转过程中基础发生震动，导致抽油机整机震动。

（2）底座与基础接触部位有空隙，底脚螺栓松动或垫铁开焊松动，基础基墩与底座的连接部位不牢，底座随抽油机负荷的变化发生震动，导致整机震动。

（3）支架底板与底座接触不实有空隙或三脚架螺栓松动，支架随抽油机负荷的变化发生震动，导致整机震动。

（4）悬点载荷过重而使用的机型过小，导致抽油机严重超载，整机运行时稳定性变差，造成震动。

（5）冲次过快或抽油机严重不平衡，抽油机的整体稳定性降低，从而导致整机震动。

（6）减速箱齿轮损坏，齿轮之间啮合不好产生震动，震动由减速箱传导至抽油机造成整机震动。

（7）抽油机发生碰泵故障或井下抽油杆有刮、卡时，负荷瞬间变化导致抽油机整机震动。

故障处理：

（1）对于基础连接件开焊导致的整机震动，重新找平后焊接连接件。

（2）基础与底座的接触部位有空隙时，可重新加满垫铁，重新找平后，将垫铁焊接成一体，并紧固底座固定螺栓。

（3）支架与底座有空隙时，可用金属垫片找平，重新紧固支架固定螺栓。

（4）严重超载时，应根据油井生产情况更换合适的机型。

（5）平衡度不符合要求，应及时调整平衡，平衡度应在 $85\%\sim100\%$。对于抽油机井冲次过快导致的整机震动，应合理地调小冲次，降低由于惯性过大导致的整机震动。

（6）对于减速箱齿轮损坏、啮合不好造成的整机震动，应检修或更换减速箱。

（7）碰泵时，应重新调整防冲距，有刮卡现象时可在防冲距允许的范围内将抽油杆调整一个位置，直至不刮卡为止。

27. 抽油机减速箱油温过高的原因及处理方法

故障原因：

（1）齿轮油油量不足，润滑效果差，使减速箱内油温升高。

（2）齿轮油油量过多，造成减速箱内压力升高，油温随之升高。

（3）润滑油黏度不合适。如夏季使用冬季的齿轮油，会造成油品黏度过稀，润滑效果变差。

（4）减速箱内齿轮油有乳化、变质等现象，润滑及散热效果变差，导致油温升高。

处理方法：

（1）按规定加足润滑油，油量在看窗的 $1/3\sim2/3$ 为宜。

（2）按规定放出多余润滑油，油量在看窗的 $1/3\sim2/3$ 为宜。

（3）更换合适黏度的润滑油。

（4）在巡回检查及保养过程中，一旦发现齿轮油有乳化、变质现象立即进行更换。

28. 抽油机减速箱串轴故障及处理方法

故障原因：

（1）轴与齿轮安装不正，配合不好，产生轴向推力，造成窜轴。

（2）齿轮结构不合理，为单向斜齿，在运行中产生轴向推力造成窜轴。

处理方法：

（1）调整轴与齿轮的安装角度，使之配合合理。

（2）更换结构合理的齿轮。对于有窜轴现象的减速箱，应及时报修，更换。

29. 抽油机减速箱大皮带轮松动滚键故障及处理方法

故障现象：

在运转时大皮带轮晃动，有异常声响。四点一线无法调整，皮带频繁断裂，严重时大皮带轮掉落。

故障原因：

（1）大皮带轮端头的固定螺栓松动，使皮带轮外移。

（2）大皮带轮键不合适。

（3）输入轴键槽不合适。

处理方法：

（1）紧固大皮带轮的端头螺栓，锁紧止退锁片。

（2）更换大皮带轮键。检查输入轴键槽是否有损坏，如有损坏应更换输入轴。如果键槽是好的，即可根据键槽重新加工键，重新安装大皮带轮。

30. 抽油机平衡块固定螺栓松动的原因及处理方法

故障现象：

（1）检查时发现上、下冲程各有一次有规律的声响。

（2）严重时平衡块掉落地面，曲柄牙磨掉，使曲柄报废。

（3）检查时发现固定螺栓部位有水锈痕迹。

故障原因：

（1）曲柄与平衡块接触平面之间有油污或脏物，平衡块与曲柄之间产生间隙无法紧固到位，运转过程中固定螺栓松动。

（2）平衡块固定螺栓、锁块螺栓松动，运转过程中发生晃动或移位。

处理方法：

（1）清理曲柄与平衡块接触平面之间的油污或脏物，重新紧固固定螺栓。

（2）当平衡块的位置出现移动时，将平衡块移动至原位置，将锁块牙与曲柄限位齿槽对好安装、紧固平衡块固定螺栓、锁块螺栓。

（3）平衡块松动移位导致曲柄限位齿损坏无法正常使用时，若曲柄上为两组平衡块则需要更换曲柄。若曲柄上为单组平衡块，可将平衡块吊装至该曲柄另一平面上，并对应改变另一侧平衡块在曲柄上的安装方向，紧固固定螺栓、锁块螺栓。

31. 抽油机连杆挂碰平衡块故障及处理方法

故障现象：

（1）当抽油机运转到某一位置时发出异常声响，并且有规律的声响。

（2）连杆和平衡块摩擦的部位有明显的痕迹。

故障原因：

（1）安装抽油机时游梁安装不正，中心线与底座中心线不重合，在运转时连杆与曲柄或平衡块摩擦。

（2）平衡块铸造不符合标准，突出部分过高，造成连杆与平衡块摩擦。

（3）由于抽油机型号原因，连杆与平衡块距离较小。调整驴头与井口对中施工过程中，调整的幅度过大，使游梁整体出现偏斜。

处理方法：

（1）通过中轴顶丝的调整，校正游梁，使游梁的中心线与底座中心线重合在一条线上。

（2）采用手提砂轮机磨掉平衡块凸出过高部分或更换符合标准的平衡块。

（3）连杆与平衡块距离较近的机型，调整驴头与井口对中过程中，要注意调整幅度，在连杆不剐蹭平衡块范围内进行调整，或者改变调整对中的方法，如调整驴头顶丝的方法或利用调整井口的方法。

32. 抽油机连杆拉断的故障及处理方法

故障原因：

（1）剪刀差过大，使抽油机两侧连杆在运转时受力不均匀，在应力的作用下连杆被拉断。

（2）曲柄销子轴承损坏，连杆被卡住，单边受力造成拉断。

（3）曲柄销脱出后，连杆单边受力，造成连杆拉断。

（4）钢管或铸件质量不合格，无法承受运转时产生的扭力。

（5）减速箱输出轴键子安装不合格，造成使用中曲柄键与键槽配合不紧密，导致键子从键槽中移出，对连杆产生切割，随着切割部位深度增加，连杆断裂。

以上情况如不及早发现处理，极易造成翻机事故。

处理方法：

（1）校正剪刀差。

（2）更换曲柄销总成，将连杆拉环与曲柄销连接牢靠。

（3）重新组装曲柄销与连杆，并安装止退螺母。

（4）成对更换质量合格连杆。

（5）重新进行装机。

33. 抽油机尾轴承座螺栓松动的原因及处理方法

故障现象：

尾轴承固定螺栓弯曲、螺栓剪断，尾部有异常声响，轴承座产生位移。

故障原因：

（1）游梁上焊接的止板与横梁尾轴承座之间有间隙。这种情况会使螺栓无法有效紧固。

（2）支座表面上有脏物，紧固固定螺栓时，未紧贴在支座表面上。

（3）尾轴承座后部穿过止板拉紧尾轴承座的螺栓未上紧。

（4）尾轴承座的 4 条固定螺栓松动，或无止退螺母，在运转过程中产生退扣。

处理方法：

（1）止板有空隙时，可加其他金属板并焊接在止板上，然后上紧螺栓。

（2）清理支座表面。重新紧固固定螺栓。

（3）上紧拉紧螺栓、固定螺栓，安装止退螺母，划安全线，加密检查。

34. 抽油机横梁轴承座螺栓拉断故障及处理方法

故障原因：

（1）螺栓松动，未上紧，造成扭断、剪断或自动脱扣。

（2）螺栓制造强度不够，无法承受重载荷。

（3）基础不均匀沉降，使整个机体偏转运行，轴承座螺栓受到不均衡力。

（4）抽油机震动或长期超负荷工作，抽油机严重不平衡，使螺栓产生高强度疲劳而导致断裂。

（5）曲柄剪刀差过大或连杆长度不一致，导致运转过程中各条螺栓受力严重不均从而断裂。

处理办法：

（1）上紧螺栓与背帽，经常检查，发现问题及时停机处理。

（2）更换强度足够的合格螺栓。

（3）校正底座与基础水平。

（4）找出震动和超负荷运转原因，并消除，重新调整抽油机平衡。

（5）调整剪刀差，更换同等长度的连杆。

35. 抽油机游梁顺着驴头方向前移故障及处理方法

故障现象：

光杆未对正井口中心，驴头顶着光杆前移，有异响，震动增加。

故障原因：

（1）中央轴承座固定螺栓松动，前部的两条顶丝未顶紧中央轴承座，使游梁向驴头方向位移。

（2）游梁固定中央轴承座的"U"形卡子松，使游梁向驴头方向位移。

处理方法：

（1）用顶丝将中央轴承座顶回原位置，拧紧固定螺栓。

（2）卸掉驴头负荷，使抽油机停在上死点，使游梁回到原位置，检查"U"形卡子是否有磨损，如无磨损，上紧"U"形卡子螺栓。

36. 抽油机游梁不正故障及处理方法

故障现象：

（1）驴头歪。

（2）支架轴承有异响。

（3）驴头与井口不对中。

故障原因：

（1）抽油机组装不合格。

（2）调冲程、换销子操作不当，造成游梁偏扭。

（3）两根连杆长度不一致。

处理方法：

（1）重新组装抽油机。

（2）校正游梁。

（3）更换长度相同的连杆。

37. 抽油机悬绳器钢丝绳打扭的原因及处理方法

故障原因：

（1）毛辫子断股。

（2）毛辫子长度不符合机型的要求。

（3）光杆与井口中心不对中。

（4）驴头下行速度大于光杆下行速度（砂、蜡影响产生光杆下行滞后）。

处理方法：

（1）更换毛辫子。

（2）使用符合机型要求长度的毛辫子。

（3）调整驴头与井口对中。

（4）洗井解除砂、蜡影响。

38. 抽油机悬绳器钢丝绳拉断故障及处理方法

故障现象：

抽油机钢丝绳是抽油机驴头与光杆之间的软连接装置，钢丝绳与悬绳器配合，将井内抽油杆的负荷挂接在驴头上。在抽油机运行过程中，如果钢丝绳发生断裂，会出现驴头与抽油杆失去连接，动力无法传递给抽油杆，抽油泵停抽不能正常生产。

故障原因：

（1）钢丝绳外部生锈腐蚀出现拔丝、断股，承载能力下降，或钢丝绳中的麻芯断，钢丝绳各股互相摩擦，钢丝绳损伤严重，导致拉断。

（2）抽油机驴头与井口不对中，钢丝绳在运行中产生偏斜，与驴头边沿偏磨后损伤，承载能力下降导致拉断。

（3）抽油机负荷过重或抽油机严重不平衡，钢丝绳长期处于超载状态从而导致拉断。

（4）钢丝绳在安装时，两侧长度不一致悬绳器倾斜，在运行时钢丝绳受力不均匀，超过其承载能力导致拉断。

（5）油井发生卡泵故障，光杆与驴头运行不同步，上行过程中钢丝绳瞬间猛烈加载，导致强行拉断。

（6）油井发生碰泵故障，上行时钢丝绳瞬间猛烈加载，导致强行拉断。

（7）钢丝绳头与绳帽灌注强度不够，导致承载力不足，在运转过程中钢丝绳头从绳帽中脱出。

处理方法：

当发现钢丝绳发生断丝、破股、断裂后应立即更换钢丝绳。

（1）按停机操作规程停机，将抽油机驴头停在下死点的位置。

（2）安装新钢丝绳，并紧固其在驴头上的限位顶丝。

（3）将钢丝绳与悬绳器对接好，对于卡泵引起的钢丝绳断裂，应在更换钢丝绳后立即对油井解卡防止再次拉断。如抽油机碰泵故障引起的钢丝绳拉断，更换完毕后应调整防冲距。

如偏磨造成的钢丝绳断裂，更换完毕后应调整驴头对中。

（4）按照操作规程加载启机。

悬绳器安装要求：

钢丝绳与悬绳器在安装的过程中应符合安装标准，两侧钢丝绳长度相等，互相平行，悬绳器上片及下片平行不得倾斜，悬绳器两片在运行到上死点和下死点时，要分别与驴头下沿及密封盒保持合适的距离（上死点时，上片上面距驴头下方 250～300mm 为宜，下死点时，下片下面距密封盒 400～450mm 为宜），安装后悬绳轨迹应在驴头弧面两侧的均匀位置运行，不得偏离，产生偏磨（允许误差 20mm）。在日常管理过程中，要在钢丝绳的表面涂抹润滑脂，防止生锈，要尽量减少油井负荷过重及不平衡等因素对钢丝绳造成的损害。

39. 双驴头游梁式抽油机后驱动钢丝绳断故障及处理方法

故障原因：

（1）后驱动绳辫子长度不一致，受力不均。

（2）悬绳器与光杆不同步，产生冲击载荷。

（3）抽油机载荷过大，长期运行疲劳断股。

（4）抽油机不平衡运行不平稳。

处理方法：

（1）将抽油机停在上死点，在密封盒上打紧光杆卡子。

（2）曲柄下垂直位置顺时针 45°位置，刹车卸载。

（3）把倒链挂在后驴头与游梁成一条直线上，紧倒链使后驱动绳辫子松弛。

（4）卸下旧驱动绳辫子，装上新绳辫子，卸下倒链。

（5）松刹车驴头吃负荷，卸下密封盒上卡子，启动抽油机。

40. 抽油机驴头不对准井口中心故障及处理方法

故障现象：

（1）抽油杆偏磨，光杆与密封盒压帽偏磨，严重时压帽孔眼被磨大，光杆被磨细。

（2）光杆密封圈密封效果差，密封盒漏油。

故障原因：

（1）抽油机安装质量不合格，使驴头与井口不对中。

（2）抽油机井生产过程中发生连杆断、曲柄销脱出等故障，导致游梁偏扭。

（3）抽油机基础倾斜或修井过程中操作不当，造成采油树不正。

（4）日常维修卸载操作不平稳，卸载卡子与井口密封盒压帽强烈撞击，把驴头与井口撞歪。

处理方法：

将抽油机驴头停在上死点，卸掉负荷刹死刹车，用吊线锤拴在悬绳器中心与井口垂直对中，调整游梁中轴承螺栓（往左调时，松左前、右后顶丝，紧右前、左后顶丝，往前调松两前顶丝，紧两后顶丝，反之亦然。若顶丝调到头还不能使之对中，也可以利用千斤顶调整底盘），调整驴头顶丝。

41. 抽油机剪刀差过大危害及处理方法

故障现象及危害：

剪刀差过大使两曲柄不在一个平面上，抽油机运行时，使连杆拉断造成翻机，尾轴固定螺栓断，游梁扭曲变形。

处理方法：

（1）如果减速箱输出轴两键槽不在一条直线上，可做异形键调整剪刀差，或更换另一组键槽。

（2）如果曲柄键槽不在一条直线上，可重新开一组新键槽。

42. 抽油机电动机振动大的原因及处理方法

故障原因：

（1）电动机滑轨固定螺栓松动或滑轨不水平或有悬空现象。

（2）电动机固定螺栓松动。

（3）电动机底座有悬空现象。

（4）电动机轴弯曲。

（5）皮带"四点一线"未调整好。

处理方法：

（1）紧固电动机滑轨固定螺栓，调整滑轨水平。

（2）紧固电动机固定螺栓。

（3）扶正垫铁，紧固电动机底座固定螺栓。

（4）检修保养电动机，校正或更换电动机轴。

（5）调整皮带"四点一线"。

43. 抽油机井口密封盒渗漏故障及处理方法

故障现象：

抽油机运转时，井口密封盒应与光杆配合密封，保证井口无渗漏，当密封盒内密封填料与光杆之间的密封性变差时，就会出现井内的液体或气体从密封盒压帽处溢出，易造成火灾、中毒及环境污染等危害。

故障原因：

（1）密封填料未填加好或密封填料磨损。密封性变差造成渗漏。

（2）密封盒压帽过松或密封填料填加量少，格兰无法将密封填料压紧，影响密封性造成渗漏。

（3）驴头中心线与井口不对中，超过允许偏差范围，造成光杆与密封填料偏磨，影响密封性造成渗漏。

（4）密封盒填料函与光杆不对中，造成光杆与密封填料偏磨，影响密封性造成渗漏。

（5）光杆受到腐蚀或磨损，表面粗糙，加剧对密封填料的磨损，密封性变差造成密封盒渗漏。

（6）由于抽油杆断脱或泵况变差等举升因素，使抽油机井不出油，密封性变差，导致井口密封盒渗漏。

（7）管线回压过高或集油流程阀门损坏造成憋压，导致密封盒渗漏。

处理方法：

（1）密封填料未加好或磨损时，应重新填加密封填料，保证密封盒密封性良好。

（2）密封盒压帽过松时应调整压帽松紧度，保证密封性。填料过少时，需补加密封填料并调整密封盒压帽松紧适度。

（3）对于驴头与井口不对中引起的密封填料偏磨，需调整驴头与井口对中后，重新填加密封填料。

（4）对于填料函与光杆不对中引起的密封填料偏磨，需调整密封填料函与光杆对中后，重新填加密封填料。

（5）光杆腐蚀磨损无法保证与填料的密封性时，需更换新光杆后，重新填加密封填料。

（6）对于油井不出油引起的密封盒渗漏，需查找油井不出油的原因进行处理。

（7）对于回压高引起的密封盒渗漏需通过冲洗等方法疏通地面管线降低管线回压。对于阀门损坏造成憋压导致的密封盒渗漏，修理或更换阀门排除故障。

44. 抽油机井蜡影响原因分析及处理方法

故障现象：

原油中一般都含有蜡，原油的流动性与含蜡量密切相关。油井结蜡是指随着压力和温度的降低，蜡从原油中析出并凝结的现象。结蜡会造成油管的管径变小，抽油杆、活塞运行阻力增加，电动机负荷增大，严重时造成蜡卡或油管堵塞，影响油井正常生产，甚至造成停产。

故障原因：

（1）油井的结蜡周期不尽相同，如果热洗周期、加药周期过长或热洗质量不合格，一定周期内结蜡的速度大于清蜡速度，会造成结蜡量逐渐增加从而影响生产。

（2）地层压力低或油井开采层位较浅，蜡分子更易从原油中析出，造成油井结蜡。

（3）井下管柱内壁腐蚀，表面粗糙，使蜡结晶更容易黏附在其表面，造成管柱结蜡。

（4）含蜡量高的油井井下防蜡器失效，无法达到破坏蜡结晶的作用，造成油井结蜡量增加。

（5）回油温度过低，含蜡原油在回油管线中结晶凝结，使管线中的液体流速变慢，回压升高，严重时发生回油管线蜡堵。

（6）作业施工过程中地面清蜡不彻底，造成油管带蜡下井，导致油井施工后出现蜡影响。

处理方法：

（1）根据不同油井摸索制订出合理的加药周期及热洗周期，同时提高热洗质量，减少结蜡影响。

（2）在开发过程中要保持合理的地层压力，完善注采关系，减少原油析蜡概率。

（3）对于腐蚀严重的井下管柱可进行更换，根据需要选用涂料油管等防蜡效果好的井下管柱。

（4）对于含蜡量高的油井，要在作业过程中安装防蜡效果好的井下防蜡器。

（5）对于回油管线结蜡的油井，热水冲洗地面管线，保持管线通畅，相应提高掺水温度。

（6）严把作业质量关，监督好地面油管清蜡等施工步骤。

注水井常见故障

1. 注水井水表转动异常的原因及处理方法

故障原因：

（1）注水井在注水过程中，由于叶轮轴套磨损后松脱，导致水表出现时走时停的现象。

（2）当水表表芯进液孔有脏物进入，阻挡部分流通孔道，但不影响叶轮转动，水流速度加快，水表转速加快。

（3）注水井水表表芯顶尖磨损，导致摩擦力增大，水表转速变慢。

处理方法：

注水井处理故障时，应先进行倒流程、泄压，方可操作。

（1）当水表表芯各零部件损坏，更换校验合格的水表。

（2）脏物堵塞引起的水表转动异常，应清洗水表。

2. 注水井井口装置渗漏的原因及处理方法

故障原因：

（1）安装水表压盖时，用力不均匀导致压盖上偏或密封圈损坏造成水表压盖和法兰之间有渗漏。

（2）井口卡箍密封钢圈损坏或卡箍螺栓松动、紧偏，造成井口卡箍处渗漏。

（3）放空阀门或测试阀门关不严，造成阀门渗漏。

（4）取压装置中密封圈损坏，造成取压装置渗漏。

处理方法：

注水井处理故障时，应先进行倒流程、泄压，方可操作。

（1）安装水表压盖时，要装正表压盖，紧固螺栓时要对角上紧。更换损坏的密封圈。

（2）更换卡箍密封钢圈并对称紧固卡箍螺栓。

（3）对于关闭不严的阀门可采取多次开关的方法，如无效果则维修或更换阀门。

（4）更换取压装置密封圈。

3. 注水井水表表芯停走的故障及处理方法

故障原因：

（1）新投产注水井管线内未充满水或操作不稳，水表叶轮受冲击而损坏，注水井正常注水后，计数器不计数。

（2）注水井安装水表表芯时，表芯与水表壳体高度尺寸不符，压盖将表芯压坏，使注水井水表出现停走现象。

（3）由于注入水水质问题，硬物卡住叶轮，导致叶轮不转，计数器不计数。

（4）水表在长期使用过程中叶轮顶尖和轴套磨损严重，导致转动时不同心，叶轮被叶轮壳卡住，水表出现停走现象。

处理方法：

注水井处理故障时，应先进行倒流程、泄压，方可操作。

（1）注水井倒流程时，应平稳操作，使管线充满水后，再逐步开大，避免水表叶轮受冲击而损坏。安装水表时，要选择与水表壳体高度相符的水表。

（2）当水表表芯被硬物卡住时，应先倒流程、泄压后，再拆卸水表，清除硬物，清洗水表芯体。

（3）当发现水表表芯损坏或叶轮顶尖、轴套磨损严重时，按操作规程及时更换水表。

4. 注水井管线穿孔故障及处理方法

故障原因：

（1）由于管线内流体介质具有腐蚀性物质，使管线受腐蚀造成砂眼和穿孔。

（2）由于施工中管线受损，或有重物碾压使注水管线受到损坏，导致高压水从受损处刺出。

处理方法：

注水井处理故障时，应先进行倒流程、泄压，方可操作。

注水井处理管线穿孔故障时，应倒流程泄压后补焊、修复穿孔管线，对于受损及腐蚀严重的管线要进行更换。对于水井管线穿孔不得用管卡子进行堵漏。

5. 注水井油压升高及水量下降异常故障及处理方法

故障原因：

（1）注水井油压升高、注水量下降的地面设备影响因素。

① 压力表或干式水表出现故障，造成计量数值不准。

② 管线结垢使管径变细，导致注水井油压升高，注水量下降。

（2）注水井油压升高、注水量下降的井下工具影响因素。

注水井在注水时，由于水中含有杂质，堵塞了井下滤网、水嘴，使注入水流动阻力增大，导致注水井油压升高，注水量下降。

（3）注水井油压升高、注水量下降的油层影响因素

① 注入水水质不合格，堵塞油层孔道，造成油层吸水能力下降，导致注水井油压升高，注水量下降。

② 注水井在正常生产过程中，由于油层压力升高，导致注水井油压升高，注水量下降。

处理方法：

注水井处理故障时，应先进行倒流程、泄压，方可操作。

（1）压力表或干式水表出现故障，引起的计量数值不准要及时检修或更换。

（2）地面管线结垢，对管线进行冲洗，无效后进行酸洗。

（3）井下滤网或水嘴被堵时应洗井，洗井无效后进行测试，更换滤网、水嘴。

（4）由于注入水中脏物堵塞了油层孔道，造成注水量下降。应采取酸化措施，酸化无效后，进行压裂。

（5）油层压力上升，导致注水量下降，应根据油田开发方案，综合调整。

（6）因水质不合格，导致注水量下降。应严把注入水质关，提高注入水质量。

6. 注水井油压下降及水量升高异常故障及处理方法

故障原因：

（1）造成注水井油压下降、水量上升的地面设备影响因素。

① 压力表或干式水表出现故障，造成记录数值不准。

② 地面管线在水表下流方向穿孔，会导致油压下降，注水量上升。

（2）造成注水井油压下降、水量上升的井下设备影响因素。

① 注水过程中井下水嘴刺大或脱落，造成油压下降，注水量上升。

② 油管腐蚀、螺纹损坏造成刺漏或油管脱落，导致油压下降，注水量上升。

③ 由于腐蚀或被脏物卡住等原因造成底部挡球密封不严，造成油压下降注水量上升。

④ 由于封隔器胶筒破裂、变形等导致封隔器失效，造成油压下降注水量上升。

⑤ 固井质量不合格导致管外水泥窜槽，造成油压下降，注水量上升。

⑥ 当井下套管损坏破裂，注入水从套管破裂处进入地层，使油压下降，注水量上升。

（3）造成注水井油压下降、水量上升的地层影响因素。

① 地层中的一些微裂缝，在提高注水压力后，开始吸水，导致油压下降，注水量上升。

② 与注水井连通油井采取增产措施后，使油层压力下降，减少了注入阻力，导致油压下降，注水量上升。

③ 注水层段出现水淹状态，形成大孔道，导致注水井油压下降，注水量上升。

处理方法：

注水井处理故障时，应先进行倒流程、泄压，方可操作。

（1）压力表或干式水表出现故障，应及时检修或更换。

（2）地面管线穿孔，应及时对穿孔管线进行补焊。

（3）井下水嘴刺大或脱落时，进行测试更换水嘴。

（4）油管漏或脱落、底部挡球密封不严、封隔器失效时，进行作业处理。

（5）当套管破裂、管外水泥窜槽，进行大修作业处理。

（6）由于地层因素造成的注水量上升，要进行综合分析，采取测试调整，作业封堵等相应措施。

7. 分层注水井油压、套压平衡故障及处理方法

故障原因：

（1）注水井注水时，由于套管阀门不严，注入水进入套管内，导致注水井套压上升最终造成油、套压平衡。

（2）由于油管悬挂器密封圈破损，注入水从油管悬挂器密封处窜入套管，导致油、套压平衡。

（3）第一级封隔器以上油管漏失，导致注水井油、套压平衡。

（4）由于第一级封隔器失效，导致注水井套压升高，最终造成油、套压平衡。

处理方法：

注水井处理故障时，应先进行倒流程、泄压，方可操作。

（1）套管阀门不严，应及时维修、更换套管阀门。

（2）油管悬挂器密封圈损坏、油管漏失应及时作业更换。

（3）封隔器不密封，重新释放，如果仍不密封需作业更换。

8. 注水井洗井不通的原因及处理方法

故障原因：

（1）由于地面管线堵塞或冻结，导致注水井洗井不通。

（2）套管阀门闸板脱落，造成洗井液不能进入套管，导致注水井洗井不通。

（3）筛管堵塞造成底部挡球打不开，洗井液无法进入油管，导致洗井不通。

（4）由于封隔器出现故障，导致注水井洗井不通。

（5）由于注水井管柱结垢严重，挡球上部堵塞，导致注水井洗井不通。

处理方法：

注水井处理故障时，应先进行倒流程、泄压，方可操作。

（1）地面管线冻结或堵塞，要及时对管线进行解冻、解堵。

（2）当套管阀门闸板脱落洗井不通时，要及时维修、更换阀门。

（3）当油管底部挡球未打开、管柱结垢造成挡球上部堵塞，以及封隔器出现故障造成的洗井不通应修井作业进行处理。

9. 注水井取样阀门打不开的原因及处理方法

故障原因：

（1）阀杆与阀杆螺母之间锈蚀，导致取样阀门无法打开。

（2）阀门压盖格兰与阀杆锈死，导致阀门打不开。

（3）开阀门时由于阀杆与阀瓣脱离，导致阀杆移动，阀瓣不动，阀门无介质流出。

（4）阀门进口堵塞，导致介质无法流出。

（5）阀门冻结，导致取样阀门无法打开。

处理方法：

处理取样阀门故障时，应先进行倒流程、泄压后，方可进行操作。

（1）取样阀门应定期维护保养，对于锈蚀、堵塞严重或阀瓣脱落无法修复的阀门应及时进行更换。

（2）阀门冻结时，用热水对阀门进行解冻。

计量间常见故障

1. 计量间量油时玻璃管内无液面的原因及处理方法

故障原因：

（1）阀门损坏导致流程不通。量油时单井计量阀门、单井回油阀门或分离器进口阀门损坏，导致井液无法进入分离器，玻璃管内无液面上升。

（2）分离器出口阀门漏失严重，使液流进到分离器后直接从出口阀门进入汇管，导致玻璃管内无液面。

（3）油井无产量，量油时分离器内不进液，玻璃管无液面。

（4）玻璃管上部控制阀门、下部控制阀门没开或下部控制阀门堵塞，分离器内有液位，但是玻璃管内无液面。

（5）分离器严重缺底水，凝结油堵塞液位计下部进口。玻璃管内无液面。

处理方法：

（1）因阀门故障导致量油时无液位，应及时维修或更换阀门。

（2）通过电流法、憋压法、试泵法、井口呼吸观察法、示功图法核实油井出油状况。

（3）打开玻璃管上部控制阀门、下部控制阀门。下部控制阀门堵塞时，首先对堵塞阀门冲洗，冲洗不通应更换阀门。

（4）当分离器底水不够时造成液位计进口堵塞，倒热水进分离器，解堵。

2. 计量间量油不准的原因及处理方法

故障原因：

（1）单井计量阀门未打开或打开时阀杆动、球体不动，油井计量时，由于阀门不通井液不能进入计量汇管，导致分离器液面不上升。

（2）分离器进口阀门未打开或阀门闸板脱落。油井计量时，由于分离器进口阀门不通，井液无法进入分离器，使分离器液面不上升。

（3）气平衡阀门未打开。分离器内压力不断上升，液面在一定时间内上升缓慢或不上升。

（4）脏物进入计量分离器，导致分离器液面上升缓慢或不上升。

（5）分离器出口阀门关不严。造成一部分井液从出口阀门流出，液面上升缓慢或不上升。

（6）量油时计量间单井掺水阀门未关严，使分离器内液面上升快。

（7）分离器液位计上部、下部控制阀门堵塞。液体无法进入液位计，虽然分离器内液面上升，但是液位计液面不上升。

（8）分离器严重缺底水。分离器液位计进口凝结油堵，使液位计内不上液面。

处理方法：

（1）单井计量时应先检查流程，并倒通流程后再进行计量。

（2）因阀门故障导致量油时计量不准应及时维修或更换阀门。

（3）当液位计上部、下部控制阀门堵塞时，首先对堵塞阀门冲洗，冲洗不通应更换阀门。

（4）当分离器底水不够时造成液位计进口堵塞，倒热水进分离器，解堵。

3. 计量间分离器冒罐事故及处理方法

事故原因：

（1）分离器在未量油状态时，进口阀门、出口阀门、气平衡阀门均处于关闭状态。分离器内部伴热管线穿孔，分离器内液位、压力逐渐上升，当超过安全阀的开启压力时，安全阀开启，发生冒罐事故。

（2）量油操作时，由于油井产液量过高，分离器内液面上升过快，超过一定高度后，未及时将分离器出口阀门打开，造成分离器憋压，使分离器发生冒罐事故。

（3）量油结束排液时，分离器出口阀门闸板脱落，造成出口阀门不通，使分离器内液体不能及时排出，导致分离器液位过高，压力超过安全阀启动压力，使分离器发生冒罐事故。

（4）量油操作时，液位计进口堵塞或浮子卡，造成液位计指示液位与分离器内液位不一致，使分离器内液位过高，造成气管线进液，发生冒罐事故。

处理方法：

（1）当分离器伴热管线穿孔时，关闭伴热管线进出口阀门。

（2）当液面过高时，及时将分离器出口阀门打开，使分离器内液量向回油干线排出、泄压。

（3）发现分离器出口阀门闸板脱落现象后，立即打开单井回油阀门，关闭单井计量阀门，使井液进入回油汇管。分离器泄压后，更换分离器出口阀门。

（4）液位计进口堵塞或浮子卡，冲洗或检修液位计，保证其准确显示。

4. 计量间量油系统管线冻堵故障及处理方法

故障原因：

（1）由于室内温度低，原油凝固，使分离器进液管线冻堵，导致量油时分离器无法进液。

（2）冬季生产时，分离器伴热未打开，造成分离器出油管线冻堵，导致量油后分离器内液体无法排出。

处理方法：

（1）当分离器进油管线、出油管线冻堵时，可以用热水淋浇冻堵部位。

（2）冻堵处理完成后，恢复量油流程，开始进行量油。

5. 计量间法兰垫片刺漏的原因及处理方法

故障原因：

（1）法兰密封面损坏，安装垫片时法兰密封面清理不干净有脏物，密封效果差，导致液体从法兰密封面间刺漏。

（2）法兰垫片损坏，使法兰垫片密封性变差，导致液体从法兰密封面间刺漏。

（3）法兰螺栓松动，使法兰密封面和垫片不能形成有效密封，导致液体从法兰密封面间刺漏。

（4）法兰间隙不一致，造成法兰垫片受力不均匀，影响密封效果，导致液体从法兰密封面间刺漏。

（5）流程未倒通，系统超压，导致液体从法兰密封面间刺漏。

处理方法：

处理计量间法兰垫片及压力表发生刺漏故障时，必须先进行倒流程、泄压后，方可操作。

（1）当法兰垫片或法兰密封面损坏时，更换新垫片或法兰阀门。安装时检查清理法兰密封面及垫片。对称均匀紧固螺栓，使法兰间隙一致，确保密封良好。

（2）正确倒通流程，按操作规程处理刺漏部位。

6. 计量间掺水管线或回油管线穿孔故障及处理方法

故障原因：

（1）管线腐蚀，承压能力降低，造成管线穿孔。

（2）管线焊接质量不合格，焊道有砂眼，液体从砂眼刺出，造成管线穿孔。

处理方法：

发现管线穿孔后，打开门窗通风，立即汇报。根据穿孔部位倒流程泄压，做好安全防护工作，由专业焊接人员对漏点补焊或更换新管线。

7. 压力表常见故障与处理方法

故障原因：

（1）压力表传压孔堵塞，导致取压时指针不动。

（2）弹簧管因温度变化或超量程使用产生过量变形，压力值显示不准。

（3）扇形齿轮和中心齿轮脱节，扇形齿轮无法带动中心轴转动，指针无法摆动。

（4）传动件生锈或夹有杂物，介质通过传压孔进入压力表，弹簧管变形后连杆动，扇形齿轮和中心齿轮不动，导致压力表指针不动。

（5）指针和中心轴松动，指针与中心轴转动不同步，导致指示压力值不准。

（6）游丝弹簧失效，游丝无法拉紧，导致回程误差增大，压力表指针跳动。

处理方法：

（1）压力表传压孔堵塞。疏通压力表传压孔。

（2）对于压力表出现故障，不能准确指示压力时，要及时进行更换。

电动潜油泵常见故障

1. 电动潜油泵井运行时过载停机的诊断分析与处理方法

故障原因及分析：

（1）过载电流保护值设置低，导致电动潜油泵机组启动后运行电流高于过载电流保护值，发生过载停机。

诊断方法：查看潜油电动机额定电流设定值，核对过载电流值是否按照额定电流值的120.0％设定。

（2）井下电气故障，低绝缘井启机瞬间，在大电流冲击下潜油电缆或潜油电动机绝缘击穿。

诊断方法：应用万用表测量机组相间直流电阻，相间直流电阻不平衡，说明井下电气系统短路；应用2500V兆欧表测量机组对地绝缘电阻，对地绝缘电阻低或为零，说明绝缘损坏或击穿。

（3）套变影响：电动潜油泵机组下入套变井段，使潜油电动机、电动机保护器、油气分离器、潜油离心泵不同轴，导致启动电流大，发生过载停机。

（4）钻井液卡泵，作业后钻井液未替净，钻井液进入潜油离心泵后发生卡泵，造成过载停机。

处理方法：

（1）过载电流保护值设置低时，按潜油电动机额定电流值的 120.0％设定。

（2）电缆或潜油电动机损坏则检泵更换机组。

（3）弯曲井段影响时，上提若干根油管避开弯曲井段。

（4）钻井液卡泵时，进行大排量洗井，同时，调整接线盒内任意两根导线相序，做潜油离心泵反向运转处理。

2. 电动潜油泵井运行时欠载停机的诊断分析与处理方法

故障原因及分析：

（1）套管防喷工具下移，使防喷开关未打开，井筒里的井液被迅速抽空，导致运行电流快速下降并欠载停机。

诊断方法：观察套压表显示无套压；打开套管放空阀后有倒吸气现象。

（2）机组轴断，电动潜油泵机组启机瞬间，机组轴疲劳部位发生断裂，导致潜油电动机空载运行，发生欠载停机。

诊断方法：再次启泵，若运行电流接近潜油电动机空载电流，则诊断为机组轴断。

处理方法：

（1）套管防喷工具下移时，小修作业下放油管捅开防喷开关。

（2）机组轴断则检泵更换机组。

3. 电动潜油泵井运行电流偏高的诊断分析与处理方法

故障原因及分析：

（1）泥砂、杂质影响：井液中含有泥砂或杂质时，增大潜油离心泵叶轮摩擦阻力，使潜油电动机负载升高。

诊断方法：观察电流卡片，呈现电动潜油泵机组受泥砂、杂质影响特征电流曲线，若洗井后现象缓解或消除，则为泥砂、杂质影响。

（2）机组机械磨损：机组机械部件磨损使潜油电动机负载升高。

诊断方法：观察电流卡片，与泥砂、杂质影响特征电流曲线类似，洗井后现象无缓解，则为机组机械磨损。

（3）套变影响：电动潜油泵机组下入井段套管变形后挤压机组，潜油电动机、电动机保护器、油气分离器、潜油离心泵不同轴，使潜油电动机负载升高。

诊断方法：观察电流卡片，电流曲线较为平稳，洗井处理后无变化，则为套变影响。

处理方法：

（1）泥砂、杂质影响时，洗井处理后电流曲线回归正常则维持生产；现象反复出现，则应用防砂机组或转为其他举升方式。

（2）机组机械磨损则检泵更换机组。

（3）套变影响时，作业上提机组，避开弯曲井段。

4. 电动潜油泵井运行电流不平衡的诊断分析与处理方法

故障原因及分析：

（1）控制柜内电气元件故障，使三相电流显示异常。

诊断方法：应用钳型电流表测量三相电流值，若与中心控制器三相电流不一致，则为控制柜内电气元件故障。

（2）井下电气故障。

诊断方法：顺次调整三相电流输入端子相序，若中心控制器三相电流相应移动，则为井下电气故障。

（3）高压变压器或供电线路故障。

诊断方法：排除其他故障后，查看同线路临井三相运行电流，若平衡则为高压变压器故障，若不平衡，则为供电线路故障。

处理方法：

（1）控制柜内电气元件损坏时，及时维修或更换电气元件。

（2）井下电气故障则上报检泵作业。

（3）高压变压器故障则及时维修或更换高压变压器；供电系统故障则待系统稳定后再启机运行。

5. 电动潜油泵井机械清蜡操作常见故障与处理方法

故障原因：

（1）清蜡钢丝打扭。油管内壁蜡质阻力不均匀时，刮蜡器不能匀速下行，当刮蜡器下行速度低于清蜡钢丝下放速度时，清蜡钢丝在井外积聚并发生弯曲，刮蜡器突然下行时拉紧清蜡钢丝，导致清蜡钢丝打扭。

（2）清蜡钢丝跳槽。刮蜡器在井筒内突然遇阻，清蜡钢丝在井口防喷管堵头处积聚脱开滑轮槽，此时刮蜡器突然解卡下行，造成清蜡钢丝跳槽。

（3）刮蜡器顶钻。油管内流道缩小压力升高，上顶刮蜡器迅速上行，造成清蜡钢丝在油管内积聚。

处理方法：

（1）清蜡钢丝打扭时，立刻停止清蜡操作，拧紧清蜡堵头密封圈，目测清蜡钢丝无损伤，继续执行清蜡操作；损伤明显则起出刮蜡器更换清蜡钢丝。

（2）清蜡钢丝跳槽时，应立刻停止清蜡操作，拧紧清蜡堵头密封圈，将钢丝重新放入滑轮槽内。

6. 电动潜油泵井控制屏不工作的原因及处理方法

故障原因：

（1）控制屏无电，包括变压器故障、主开关熔断丝熔断。

（2）过载继电器触头松动或断开。

（3）继电器、屏门开关和接线片上的螺栓接头或断开。

（4）遥控电路、浮动开关或压力开关断路。

处理方法：

电动潜油泵发生电路故障时需汇报专业电工进行处理。

（1）检查一次系统、变压器和主开关熔断丝，检查主变压器。

（2）检查过载继电器触头是否完好，检查屏门连锁开关是否完好。

（3）检查继电器、屏门开关和接线片上的所有螺栓是否松动。

（4）检查电路接线是否完好。如发现有断路的情况，及时处理。

7. 电动潜油泵井电压波动的原因及处理方法

故障原因：

（1）供电线路上大功率柱塞泵突然启动而引起的电压瞬时下降。

（2）附近多口油井同时启动。

（3）雷击现象。

处理方法：

（1）待其他设备启动后再启动电动潜油泵。

（2）安装避雷器。

8. 电动潜油泵井启动时，井下机组不能启动的原因及处理方法

故障原因：

（1）电源没有连接或断开。

（2）控制屏控制线路发生故障。

（3）地面电压过低。

（4）电缆或电动机断开或绝缘损坏。

（5）泵、保护器、电动机机械故障。

（6）油黏度大、死油过多、结蜡严重、钻井液未替喷干净。

处理方法：

（1）检查三相电源、变压器及熔断器；检查闸刀是否合上。

（2）检查控制屏控制线路，即检查过载继电器整定值是否过小，检查控制屏的控制电压是否正常，检查控制屏控制线路熔断丝是否完好，并排除故障。

（3）根据电动机额定电压和电缆压降计算出地面所需电压，调整变压器挡位到正常值。

（4）检查井下机组对地绝缘电阻和相间直流电阻，如绝缘达不到要求，则应检泵。

（5）做反向启动试验，如达不到要求，则应检泵。

（6）用低于 60℃ 热水或轻质油洗井，然后再启动。

9. 电动潜油泵井井下机组绝缘值明显降低的原因与处理方法

故障现象及原因：

（1）泵排不出液体，电动机周围液体停止流动，散热条件变坏。

（2）电动机在超负荷或低负荷下运转，使电动机电流增加，从而使电动机温度升高。

（3）液体自井内侵入电动机或电缆，绝缘被破坏，电阻降低。

处理方法：

（1）检查泵的排量，查明原因，采取措施。

（2）检查自耦变压器次边线路电流，超负荷时，限制泵的排量使电流降低。

（3）如绝缘被破坏，应报作业起出井下机组进行修理。

10. 电动潜油泵井因抽空造成自动停泵的故障及处理方法

故障原因：

（1）若发生在电动潜油泵井投产初期，为选泵不适当。即所选泵排量过大或油嘴过大。

（2）若发生在生产一段时间后，为油井供液不足。

处理方法：

（1）缩小油嘴。如液面依然很低则换小排量泵或转为抽油机生产。

（2）加深泵挂。

（3）生产一段时间仍为供液不足，更换小排量机组。如无效，则转为其他机械采油方式。

11. 电动潜油泵井产液不正常的原因及处理方法

故障原因：

（1）油管漏失，导致产液下降。

（2）泵吸入口被堵塞导致产液下降。

（3）输油管路堵塞或阀门关闭，导致产液下降。

（4）泵的总压头不够，产出液无法排出。

（5）泵轴、保护器轴或电动机轴断裂，导致泵效降低，产量下降。

（6）泵的转向不对，导致产量下降或无产量。

（7）油井抽空或动液面太低，导致产量下降。

（8）地面管线堵塞，产出液无法排出。

（9）油管结蜡堵塞，导致产出液无法排出。

处理方法：

（1）对油管憋压，确定是否漏失。如漏失，需将油管起出更换。

（2）将泵提出清理，有时可用反转解堵。

（3）检查管路回压，如异常，采用适当的措施清理管道。

（4）重新检查选井、选泵设计。

（5）将机组起出，更换损坏部位。若使用欠载继电器，通常显示为欠载状态。

（6）从地面接线盒处调换任意两根导线的接头，再试转。

（7）测动液面，调小油嘴、换小泵。

（8）检查地面流程、阀门，检查回压是否过高，热洗地面管线。

（9）油管清蜡。

12. 电动潜油泵井排量突然下降的原因及处理方法

故障原因：

（1）泄油阀或测压阀损坏，泵内排出的液体一部分从泄油阀或测压阀倒流回油套管环行空间。

（2）油管螺纹漏失或油管破裂，产出液回流到油套环形空间，造成泵效降低。

（3）机组因某种原因掉入井内，油井不是泵抽，而是处于自喷生产状态。

（4）机组串轴或某部分轴损坏（如轴断），可通过憋泵进行检查。

（5）泵吸入口堵塞，导致电泵机组失效。

处理方法：

（1）起出井下机组，重新更换泄油阀或测压阀。

（2）起泵处理，重新上好螺纹或更换油管。

（3）起出井下机组处理。

（4）起出井下机组进行检修。

（5）起出井下机组检查清洗。

13. 电动潜油泵井憋压时，油压不上升或上升缓慢的原因及处理方法

故障原因：

（1）油管断脱，泵漏失严重，油管头严重漏失。

（2）气体影响。大量气体进入离心泵，严重时发生气蚀甚至气锁。

（3）油层供液不足，泵内充满程度不够，导致油压上升缓慢。

处理方法：

（1）更换油管头密封圈，检泵作业。

（2）调小油嘴、换小泵、加强周边注水井的注入能力。

14. 电动潜油泵井回压高于正常值的原因及处理方法

故障原因：

（1）倒错流程，如回油阀门没有开大，造成憋压，或油嘴堵塞造成憋压。

（2）回油管线冻堵、结垢造成憋压，使回压高于正常值。

（3）油井产液量高，管线直径小，产出液回流困难，回压升高。

（4）计量间到转油站的系统压力高，导致回压高于正常值。

处理方法：

（1）正确倒流程，开大回油阀门，油嘴堵塞时对油嘴进行解堵。

（2）管线进行解堵，清垢。

（3）根据需要合理控制排量，更换大直径管线。

（4）检查系统压力高的原因，并及时处理。

15. 电动潜油泵井机械清蜡时发生蜡卡故障及处理方法

故障原因：

起刮蜡片时被蜡卡住的现象叫蜡卡，也叫软卡。

（1）清蜡不及时、不彻底。

（2）刮蜡片发生变形或倒装。

（3）油井工作制度或清蜡制度不合理。

处理方法：

（1）蜡卡时若能活动，可上、下缓慢活动解卡。

（2）蜡卡时若卡死，不要硬拔，可灌入热油或轻质油，将蜡融化解卡。

（3）根据电动潜油泵井的实际情况制订适合本井的清蜡周期。

16. 电动潜油泵井机械清蜡时发生硬卡故障及处理方法

故障原因：

刮蜡片卡在油管内的某种金属物上的现象叫硬卡。

（1）刮蜡片变形、刀刃损坏、刮蜡片连杆弯曲或螺纹变形。

（2）油管加工不良有毛刺，油管内径不规则。

（3）清蜡阀门或总阀门的丝杠太长，在开阀门时螺纹没有完全退出。

（4）刮蜡片下得过深，使刮蜡片卡在工作筒或配产器上。

处理方法：

遇硬卡不能硬拔，更不要用振动、冲击等办法解卡，只能改变钢丝上提方向慢慢活动解卡。

螺杆泵常见故障

1. 直驱螺杆泵井无法启动故障及处理方法

故障原因：

（1）电控箱内空气开关（主、分空气开关）故障，上下线路未导通，造成启机时电动机无反应。

（2）电控箱内交流接触器故障，启机时不吸合，造成电动机无反应。

（3）电动机与电控箱连接电缆击穿或电控箱与变压器连接电缆击穿，电路未导通，造成启机时电动机无反应。

（4）电动机内部绕组击穿，造成电动机不能启动。

（5）变压器二次开关故障，上下线路不通，造成启机时电动机无反应。

（6）变压器故障，变压器输出端无电，造成启机时电动机无反应。

（7）隔离开关触点未接触上或高压熔断器烧断，电路不通造成启机时电动机无反应。

（8）驱动装置推力轴承与轴承箱卡死或电动机定子与转子卡死，造成启机时电动机无法转动。

处理方法：

处理电路故障，应有两名专业维修电工操作，做好安全监护。处理驱动装置故障时，确保杆柱扭矩完全释放，卡紧封井器后方可操作。

（1）更换电控箱内故障空气开关。

（2）更换电控箱内故障交流接触器。

（3）更换故障电缆。

（4）更换电动机。

（5）更换变压器二次开关。

（6）更换变压器。

（7）维修更换高压隔离开关或高压熔断器。

（8）驱动装置运转部件卡死时，及时上报维修，由专业人员处理。

2. 直驱螺杆泵井井口漏油故障判断与处理方法

故障现象：

常见井口设备漏油现象有以下几种：

（1）井口法兰处漏油；（2）井口卡箍处漏油；（3）井口阀门漏油；（4）油管挂顶丝漏油；（5）管线漏油；（6）取压装置漏油；（7）驱动装置漏油；（8）看窗漏油。

故障原因：

（1）法兰螺栓未均匀紧固、法兰盘密封钢圈未安装好或损伤，造成法兰处漏油。

（2）卡箍螺栓未均匀紧固、卡箍密封钢圈未安装好或损伤造成卡箍处漏油。

（3）井口各阀门由于长时间使用，导致阀体密封圈、丝杠密封圈磨损、损坏，造成阀门漏油。

（4）油管挂顶丝密封圈损坏或顶丝压帽未压紧，造成油管挂顶丝漏油。

（5）管线长时间使用，造成管线腐蚀、穿孔，油液从管线漏出。

（6）取压装置长期使用，导致密封圈损坏，或取压装置安装不到位，造成取压装置漏油。

（7）螺杆泵井长时间运转，驱动装置机械密封、组合密封容易发生腐蚀损坏，导致采出液从上、下溢流孔流出。

（8）轴承箱看窗密封圈受高温和腐蚀影响发生损坏，或看窗未紧固，导致轴承箱看窗漏油。

处理方法：

对驱动装置操作时，应完全释放杆柱扭矩，并卡紧封井器方可操作。对带压设备进行操作时，应完全释放压力后方可操作。具体故障处理如下：

（1）处理井口法兰处漏油。法兰螺栓未均匀紧固时，需卸松法兰螺栓，按要求依次对称紧固；钢圈未安装好或损伤时，应停机上报作业处理。法兰钢圈未安装好时，需要清理钢圈槽重新安装，法兰钢圈损伤时，需要更换法兰钢圈并重新安装。

（2）处理井口卡箍处漏油。卡箍螺栓未均匀紧固时，应卸松卡箍螺栓，重新对称紧固；卡箍钢圈未安装好时，清理卡箍钢圈槽并重新安装；卡箍钢圈损伤时，更换卡箍钢圈并重新安装。

（3）处理井口阀门漏油。更换阀门阀体处密封圈、丝杠处密封圈。

（4）处理油管挂顶丝漏油。先卸掉油管挂顶丝压帽，取出旧密封圈，安装新密封圈并重新紧固。

（5）处理管线漏油。井口管线出现穿孔后，要及时对管线进行处理。

（6）处理取压装置漏油。更换损坏的取压装置密封圈，重新安装取压装置。

（7）处理驱动装置漏油。应立即停机上报维修，由专业人员进行处理，更换驱动装置机械密封、组合密封密封圈。

（8）处理轴承箱看窗漏油。更换轴承箱看窗密封圈或重新紧固看窗。

3. 直驱螺杆泵井光杆不随电动机转动故障判断与处理方法

故障原因：

（1）由于抽油杆断脱，井底及油管内压力不断上升，当压力超过杆柱自重时，光杆及方卡子向上移动脱出密封帽，造成光杆不随电动机转动。

（2）螺杆泵井运转过程中，由于杆柱负荷大，方卡子固定螺栓松动，光杆与卡子滑脱，造成光杆不随电动机转动。

处理方法：

（1）抽油杆断脱时，需要上报作业处理。

（2）用吊车或作业机上提光杆至正常位置，紧固方卡子固定螺栓，重新画好防脱线，恢复正常生产。

4. 直驱螺杆泵井运行电流高于正常值或电流波动大故障判断与处理方法

故障原因：

（1）由于长时间运转，井下杆柱表面与油管内壁不断黏附杂质、结蜡，使油流通道变小，摩擦阻力增大，导致杆柱的扭矩增大，工作电流升高。

（2）由于长时间生产，地面回油管线会结蜡、结垢或附着一些含油杂质，造成管道通径变小，阻碍液体流动，导致井口压力升高，电流升高。

（3）由于井下泵的转子结垢或定子橡胶溶胀等原因，造成杆柱扭矩增大，运行电流变大或波动大。

（4）由于驱动装置轴承箱内推力轴承损毁，轴承运转时摩擦阻力增大，造成电流升高。

（5）由于电动机轴承损毁或轴损坏，导致工作电流升高或波动大，同时伴随电动机有异响现象。

（6）由于电动机内部定子绕组线圈的绝缘层损坏，造成匝间短路故障，导致电流变大。

（7）运转中由于电动机内转子磁钢脱落或退磁，导致运转时电流升高。

处理方法：

操作驱动装置时，应待光杆反转至完全静止，卡紧封井器后再进行操作。操作带压设备时，应完全释放压力后方可操作。具体故障处理如下：

（1）处理井下结蜡。进行热洗清蜡，并观察电流和扭矩变化情况。

（2）处理地面管线堵塞。打开井口直通阀门，用高温掺水冲洗地面管线，清除堵塞物，恢复管线过流通道。冲洗后录取油压、电流等数据，观察冲洗效果。

（3）因螺杆泵转子结垢或定子橡胶溶胀，导致电流异常变化，应及时上报检泵作业。

（4）轴承箱内轴承损毁，应立即停机上报，由专业人员检修驱动装置。

（5）电动机轴或轴承故障时，应立即上报，由专业人员维修轴承或更换电动机。

（6）定子线圈出现故障时，应立即停机上报，由专业人员维修或更换电动机。

（7）转子磁钢出现故障时，应立即停机上报，由专业人员维修转子或更换电动机。

5. 直驱螺杆泵井地面驱动装置异响故障判断与处理方法

故障原因：

（1）由于轴承箱齿轮油缺失或变质，轴承箱内部推力轴承磨损，造成轴承运转时受力不均匀，引起摩擦异响、震动。

（2）由于驱动装置内部扶正轴承磨损，造成空心轴不同心旋转，产生异响。

（3）直驱电动机上、下轴承磨损，导致运行噪声增大。

（4）电动机内部转子磁钢脱落与定子摩擦，产生噪声。

处理方法：

操作驱动装置时，应待光杆反转至完全静止，卡紧封井器后再进行操作。具体故障处理如下：

（1）补充或更换轴承箱齿轮油，观察驱动装置运行情况。若没有改善，及时停机上报维修，由专业人员处理。

（2）从电动机上、下端盖注油孔加注润滑脂，观察驱动装置运行情况，若没有改善，及时停机上报维修，由专业人员处理。

（3）电动机轴承磨损，应立即停机上报维修，由专业人员处理。

（4）电动机转子磁钢脱落，应立即停机上报维修，由专业人员处理。

6. 直驱螺杆泵井地面驱动装置过热故障判断与处理方法

故障原因：

（1）运转中由于电动机内部绕组发生匝间短路故障，造成单相或三相运行电流升高，导致电动机壳体过热。

（2）驱动装置轴承箱内齿轮油缺失或变质，造成推力轴承摩擦力增大，导致轴承箱温度升高。

（3）由于井下杆柱扭矩过大，导致运行电流上升，电动机壳体过热。

（4）运转中电动机的转子磁钢脱落，与定子摩擦生热，造成壳体过热。

（5）驱动装置与井下泵匹配不合理，配置电动机功率偏小，造成运行电流高，电动机壳体过热。

处理方法：

处理电路故障时，应有两名专业维修电工操作，做好安全监护。处理驱动装置故障时，按规程停机断电，确保杆柱扭矩完全释放，卡紧封井器后方可操作。

（1）电动机内部绕组发生匝间短路故障后，立即停机上报，由专业人员处理。

（2）补充或更换齿轮油，若运转一段时间后，轴承箱仍然过热，及时停机上报由专业人员处理。

（3）进行洗井清蜡，观察洗井后电流、扭矩变化情况。

（4）电动机转子磁钢脱落时，应立即停机上报维修，由专业人员处理。

（5）更换合适的驱动装置。

7. 直驱螺杆泵井停机后继续转动或快速反转故障与处理方法

故障原因：

（1）由于井底压力高，螺杆泵井连抽带喷生产，停机后井液自喷推动杆柱继续转动。

（2）电控箱内反转制动装置出现故障，对光杆反转不能起到制动作用，停机后光杆快速反向转动。

处理方法：

（1）对于连抽带喷生产的螺杆泵井，应调大生产参数。通过调大转数或换大泵措施，提高生产能力，达到供排合理。

（2）电控箱内反转制动装置出现故障，及时上报由专业人员进行处理。

8. 直驱螺杆泵井启动困难故障判断与处理方法

故障现象：

直驱螺杆泵井在现场启机操作中，有时会出现电动机带动光杆转动几圈就停止；或光杆能够转动，而转数达不到设定要求的故障现象。

故障原因：

（1）因回油管线堵塞，井口压力升高，电流达到过载值，导致过载停机，造成启动困难。

（2）井筒蜡卡，电动机无法带动井下泵正常工作，造成启动困难。

（3）螺杆泵定子橡胶脱落，定子与转子卡死，造成启动困难。

（4）油层严重供液不足，无井液进泵，泵筒内定子与转子干磨，造成温度升高、定子溶胀，杆柱扭矩增大，造成启动困难。

（5）变频器启动模块故障，使电动机无法达到设定转数。

处理方法：

（1）处理地面管线堵塞。打开井口直通阀门，用高温掺水冲洗地面管线，清除堵塞物，恢复管线过流通道。冲洗后录取油压、电流等数据，观察冲洗效果。

（2）进行热洗清蜡，清除井筒的蜡堵。

（3）定子与转子卡死，及时上报作业处理。

（4）对供液不足的井，调小螺杆泵的转速或采取间抽方式生产，提高泵的沉没度。建议调整连通注水井的注入量，保证油层的供液能力。

（5）变频器故障，及时上报由专业人员处理。

9. 皮带传动螺杆泵井停机后继续转动或反转故障与处理方法

故障原因：

（1）由于抽油杆断脱，杆柱失去反向扭矩，在惯性力作用下，停机后光杆继续转动。

（2）由于井底压力高，螺杆泵井连抽带喷生产，停机后井液自喷推动杆柱继续转动。

（3）防反转装置的棘爪弹簧失效或棘轮槽、棘爪磨损严重，造成棘爪卡不住棘轮，防反转装置不能起到制动作用，停机后在反向扭矩的作用下，光杆反向转动。

（4）由于防反转装置外抱刹车片磨损严重或释放螺栓未上紧，刹车片不能抱紧棘轮，导致制动失效，停机后在反向扭矩的作用下，光杆反向转动。

处理方法：

（1）出现抽油杆断脱，及时上报作业处理。

（2）连抽带喷的螺杆泵井，应调大生产参数。通过调大转数或换大泵措施，提高生产能力，达到供排合理。

（3）防反转装置的棘爪弹簧和棘轮工作失效，及时上报维修，由专业人员处理。

（4）紧固防反转装置扭矩释放螺栓，保证刹车片能够抱紧棘轮，对于磨损严重的刹车片，及时上报由专业人员进行更换。

10. 皮带传动螺杆泵井井口漏油的原因与处理方法

故障现象：

皮带传动螺杆泵井常见井口设备漏油现象有以下几种：

（1）井口法兰处漏油；（2）井口卡箍处漏油；（3）井口阀门漏油；（4）油管挂顶丝漏油；（5）管线漏油；（6）取压装置漏油；（7）减速箱看窗漏油；（8）减速箱机械密封处漏油；（9）减速箱侧轴处漏油；（10）呼吸阀漏油。

故障原因：

（1）由于法兰螺栓未均匀紧固、法兰盘密封钢圈未安装好或损伤，造成法兰处漏油。

（2）卡箍螺栓未均匀紧固、卡箍密封钢圈未安装好或损伤造成卡箍处漏油。

（3）井口各阀门由于长时间使用，导致阀体密封圈、丝杠密封圈磨损、损坏，造成阀门漏油。

（4）油管挂顶丝密封圈损坏或顶丝压帽未压紧，造成油管挂顶丝漏油。

（5）管线使用时间长，管线出现腐蚀、穿孔，油液从管线漏出。

（6）取压装置安装不到位，或密封垫损坏，造成取压装置漏油。

（7）减速箱看窗密封圈受高温和腐蚀影响发生损坏，或看窗螺栓未均匀紧固，导致减速箱看窗漏油。

（8）由于长时间运转，减速箱机械密封内的密封圈、密封填料受到磨损、腐蚀，导致机械密封失效漏油。

（9）减速箱在运转中，侧轴内密封圈受到磨损、腐蚀，造成侧轴处漏油。

（10）由于长时间运转，减速箱机械密封的底座油封严重磨损，井液进入减速箱内，当井液灌满减速箱时，混合液从呼吸阀漏出。

处理方法：

对驱动装置进行操作时，应完全释放杆柱扭矩，卡紧封井器后方可操作；对带压设备进行操作时，应完全释放压力后方可操作。具体故障处理如下：

（1）处理井口法兰处漏油。法兰螺栓未均匀紧固时，需卸松法兰螺栓，按要求依次对称紧固；钢圈未安装好或损伤时，应停机上报作业处理；法兰钢圈未安装好时，需要清理钢圈槽重新安装；法兰钢圈损伤时，需要更换法兰钢圈并重新安装。

（2）处理井口卡箍处漏油。卡箍螺栓未均匀紧固时，应卸松卡箍螺栓，重新对称紧固；卡箍钢圈未安装好时，清理卡箍钢圈槽并重新安装；卡箍钢圈损伤时，更换卡箍钢圈并重新安装。

11. 皮带传动螺杆泵井光杆不随电动机转动原因与处理方法

故障原因：

（1）螺杆泵井生产过程中，皮带由于长时间使用，出现磨损、松弛，导致皮带打滑或断裂。

（2）由于减速箱内齿轮油油位下降、变质，造成推力轴承磨损、偏斜，使减速箱侧轴齿轮或盆齿打齿，使光杆不随电动机转动。

（3）螺杆泵井长时间运转，电动机轴、减速箱侧轴的键或键槽出现磨损、脱出，皮带轮与轴不能同步旋转，造成光杆不随电动机转动。

处理方法：

对驱动装置进行操作时，应完全释放杆柱扭矩，卡紧封井器后方可操作。

（1）皮带打滑或断裂时，应调整皮带松紧度，或更换损坏皮带。

（2）维修减速箱。应立即停机断电，上报由专业人员对减速箱进行维修处理。

（3）减速箱侧轴的键损坏或脱落，进行更换或维修；键槽损坏，及时停机上报维修，由专业人员进行处理。

12. 皮带传动螺杆泵井地面驱动装置运行噪声大故障判断及处理方法

故障原因：

（1）螺杆泵井生产中，由于皮带有一定拉伸性，经过长时间的运转，会被磨损拉长，导致皮带抖动、打滑，产生摩擦噪声。

（2）驱动装置运转过程中，由于震动传导使皮带护罩螺栓松动，从而导致护罩震动或护罩与皮带轮摩擦，产生噪声。

（3）电动机内部轴承损坏，造成电动机轴不同心旋转，引起电动机轴摩擦异响或电动机叶轮摩擦护罩。

（4）电动机固定螺栓松动，在皮带拉伸力作用下，导致电动机运转时震动噪声大。

（5）由于长时间运转，减速箱内推力轴承、扶正轴承、盆齿或者侧轴齿轮磨损严重，造成减速箱内部异响。

处理方法：

对驱动装置进行操作时，应完全释放杆柱扭矩，卡紧封井器后方可操作；对带压设备进行操作时，应完全释放压力后方可操作。

（1）对松弛的皮带重新调整松紧度。

（2）调整皮带护罩和皮带轮间距到合适位置，紧固皮带防护罩固定螺栓。

（3）选择同型号电动机轴承和叶轮进行更换。

（4）停机后重新调整皮带轮"四点一线"，紧固电动机固定螺栓。

（5）应停机断电，上报维修，由专业人员对减速箱进行维修处理。

13. 皮带传动螺杆泵井启动困难故障判断与处理方法

故障现象：

皮带传动装置启机后，现场操作中，有时会出现电动机带动光杆运转几圈就停止转动，导致启动困难的故障现象。

故障原因：

（1）电流过载值设定过低，启机后运行电流达到过载设定值，导致过载停机，造成启动困难。

（2）回油管线堵塞，井口压力升高，电流升高达到过载值，导致过载停机，造成启动困难。

（3）减速箱内齿轮因长期运转磨损，出现打齿、断裂，掉落的铁渣、铁块导致齿轮卡死，造成启动困难。

（4）电动机长期运转，轴承磨损，电动机启动时摩擦阻力增大，造成启动困难。

（5）由于蜡卡，致使井下泵卡死，启机后电动机无法带动井下泵正常工作，造成启动困难。

（6）油层严重供液不足，无井液进泵，泵筒内定子与转子干磨，温度升高、定子溶胀，杆柱扭矩增大，电流升高达到过载值，导致过载停机，造成启动困难。

（7）螺杆泵定子橡胶脱落，定子与转子卡死，造成启动困难。

处理方法：

（1）调整电控箱内综合保护器的电流过载值。

（2）冲洗地面管线，处理地面管线堵塞。打开井口直通阀门，用高温掺水冲洗地面管线，清除堵塞物，恢复管线液流通道。

（3）减速箱内齿轮卡死，及时上报由专业人员处理。

（4）电动机轴承磨损，对轴承进行更换。

（5）处理井下蜡卡。进行热洗清蜡，清除井筒内的蜡堵。如果卡泵，上报作业处理。

（6）对供液不足的井，调小螺杆泵的转速或采取间抽方式生产，提高泵的沉没度。建议调整连通油层注入量，保证油层的供液能力。

（7）定子与转子卡死，及时上报作业处理。

14. 螺杆泵井泵效降低或不出液故障分析及处理方法

故障原因：

（1）由于井下管柱结蜡，油流通道变小，导致泵效降低。

（2）由于地面回油管线堵塞，使井口压力上升，导致产液量下降，泵效降低。

（3）由于油层供液不足，导致产液量下降，泵效降低。

（4）由于井口放气流程冻堵或放气阀损坏，套压过高，沉没度下降，导致泵效降低。

（5）由于井下泵漏失、杆管断脱、油管漏失等井下故障，导致泵效降低或不出液。

处理方法：

（1）处理油井结蜡。进行热洗清蜡，并观察电流和扭矩变化情况。

（2）冲洗地面管线。打开井口直通阀门冲洗地面管线，如果处理效果不好，应使用热洗车冲洗管线。

（3）对于供液不足的井应及时调小转数或采取间抽方式生产，并监测动液面变化。

（4）如果井口放气流程冻堵或放气阀损坏，应及时进行加热解堵或者更换阀门芯子，调整套压使其在合理范围。

（5）对井下故障井，进行憋压验证泵况，分析故障原因，并上报作业处理。

第二部分

采 油 测 试

测试时井口及井下设备故障

1. 测试时井口压力表常见故障及处理方法

故障原因：

（1）测试过程中压力表受到碰撞、震动致使压力表变形损坏或部件松动（游丝、表盘、指针松动；压力表固定螺栓松动）。

（2）压力表没有按时校检，造成压力表误差。

（3）传压介质脏，导致压力传压孔堵塞。

（4）测试时井口溢流污水进入压力表壳体，造成齿轮卡死。

（5）压力表量程选择不当。

处理方法：

（1）紧固表盘和压力表螺栓，更换压力表游丝并重新校验。

（2）定期校检压力表。

（3）用通针清理传压孔。

（4）测试时注意做好压力表保护工作，冬天一定要给压力表采取防冻措施。

（5）选择合适的压力表量程。

2. 注水井油压与井下仪器测试压力不符，地面流程故障及处理方法

故障原因：

（1）测试时井口生产阀门闸板脱落或未全部打开造成憋压。

（2）井口过滤器或地面管线堵塞、穿孔，导致注水井油压与井下仪器测试压力不符。

（3）取压装置失效、油缸缺油，造成油压表取值不准确。

（4）冬季防冻装置密封圈失效，油压表冻堵造成取值不准确。

（5）传压介质脏，取压阀门堵塞或损坏，造成油压表取值不准确。

处理方法：

（1）倒流程时应将生产阀门全部打开，阀门损坏及时更换阀门。

（2）清理井口过滤器，冲洗注水管线，对穿孔部位进行补焊。

（3）更换取压装置，加注液压油。

（4）更换活塞密封圈装置，冬季应加注防冻油。

（5）清除堵塞，使用专用液压油，更换取压阀门。

3. 注水井油压与井下仪器测试压力不符，测试仪器故障及处理方法

故障原因：

（1）测试仪器压力温度传感器出现故障。

（2）测试仪器未按时标定，导致测试仪器所测压力不准确。

（3）测试仪器传压部位有堵塞，导致所测压力不准确。

（4）吊测对比注水压力时测试仪器下入井内过深。

（5）测试仪器电池电压过低或进行电缆测试时缆头电压过低，导致测试压力不准确。

处理方法：

（1）更换压力温度传感器，并标定。

（2）按检定周期标定仪器。

（3）使用前后应及时清洗仪器传压部分。

（4）吊测对比注水压力时仪器不宜下得过深，在水平位置上应尽可能接近与井口油压表。

（5）测试前检查电池电压，使用电缆测试时按仪器要求调整缆头电压，保证仪器正常工作。

4. 注水井水表水量与井下流量计测试水量不符，地面水表故障及处理方法

故障原因：

（1）注入水脏，造成水表运转时下部翼轮卡阻、损坏转动不灵活导致水表水量与井下流量计水量不符。

（2）水质不合格有油污，污物堵塞翼轮盒下部，过流面积变小流速加快，水表翼轮转速加快，导致水表水量高于井下流量计水量。

（3）水表下部未安装密封胶垫，部分流体从翼轮盒外部注入井下，导致水表水量低于井下流量计水量。

（4）水表上部计数器齿轮发卡，导致水表计数不准确。

（5）水表下部直管段管线结垢直径变小，流经水表的流体流速加快，导致水表水量高于井下流量计水量。

（6）水表未按时检定，造成水表与井下流量计计量误差过大。

（7）注入量与水表量程不匹配，导致水表水量与井下流量计水量不符。

处理方法：

（1）改善注入水水质，冲洗注水干线。

（2）卸下水表清除污物，如水表损坏应更换。

（3）换水表时一定要安装密封胶垫。

（4）清除水表壳体污垢，更换下部管线。

（5）按时检定水表，避免计量误差。

（6）选择量程合适的水表，临时放大水量时，不要超过水表量程。

5. 注水井水表水量与井下流量计测试水量不符，地面流程故障及处理方法

故障原因：

（1）水表至井口段地面管线有漏失，导致水表水量高于井下流量计水量。

（2）测试堵头溢流量过大，导致水表水量高于井下流量计水量。

（3）注水井套管阀门不严，部分水经套管阀门注入井下，导致水表水量高于井下流量计水量。

处理方法：

（1）关井卸压后对漏点进行补焊。

（2）测试堵头溢流量过大应及时更换堵头密封圈。

（3）检查并关闭套管阀门，套管阀门不严应及时维修更换。

6. 注水井水表水量与井下流量计测试水量不符，测试仪器故障及处理方法

故障原因：

（1）井下流量计未按时检定，导致测试水量与注水井水表水量误差过大。

（2）井下流量计探头上有油污，导致测试水量低于注水井水表水量。

（3）井下流量计扶正器损坏，测试仪器偏离井筒中心位置，导致测试水量不准确。

（4）井下流量计电池电压或使用电缆测试时缆头电压过低，导致测试水量不准确。

处理方法：

（1）按时检定井下流量计，发现问题及时送检。

（2）井下流量计下井前应清除流量计探头上的油污，注水井井下管柱油污过多时应洗井后再测试。

（3）维修更换井下流量计扶正器，保证仪器处于井筒中心。

（4）测试前检查电池电压，使用电缆测试时按仪器要求调整缆头电压，保证仪器正常工作。

7. 注水井水表水量与井下流量计测试水量不符，井下管柱故障及处理方法

故障原因：

（1）井下管柱结垢严重，直径变小，导致井下流量计测试流量增多。

（2）井内油管头漏，部分水从套管注入，导致注水井水表水量高于井下流量计测试水量。

（3）偏一层位停测位置到井口处管柱有漏失，导致井下流量计测试水量低于注水井水表水量。

处理方法：

（1）作业清理管柱或换管。

（2）更换法兰处钢圈或油管头。

（3）利用吊测法查找漏点，作业更换漏失管柱。

8. 测试时因操作问题造成注水井水表水量与流量计水量不符故障及处理方法

故障原因：

（1）调整水量后，稳定注水时间不足，仪器下井后进行流量测试时，水量发生变化。

（2）非集流式测试时停测位置不当，导致测试水量与注水井水表水量不符。

（3）非集流式测试停测时，刹车未刹死出现溜车现象，导致测试水量低于注水井水表水量。

（4）集流式测试时，密封圈或皮碗尺寸不合适或损坏，仪器上部加重不足未坐严，导致测试水量低于注水井水表水量。

处理方法：

（1）调整水量后应稳定注水 20min 后实行测试。

（2）采用非集流流量计测试时应避开封隔器等位置。

（3）采用非集流流量计测试时应将刹车刹死避免出现溜车现象。

（4）集流式测试时，调整密封圈或皮碗过盈尺寸，密封圈或皮碗损坏应及时更换，加重后应在地面进行试验保证密封皮碗充分坐封。

9. 测试时引起注水井测试水量异常变化的地面影响因素及处理方法

故障原因：

（1）注水泵站启、停注水泵，注水压力不稳定，导致注水量异常变化。

（2）测试时相连通注水井井网大面积关井，测试井注水压力升高，导致注水量异常变化。

（3）测试时来水阀门、跳闸板自动开关，导致注水量异常变化。

处理方法：

重新控制水量，压力稳定 15～20min 后重新测试。

10. 测试时引起注水井测试水量异常变化的井下管柱因素及处理方法

故障原因：

（1）注水环境差，水质不合格，管柱结垢严重，造成井下水嘴或滤网堵塞，导致测试水量减少。

（2）井下水嘴刺大、脱落，造成测试水量增加。

（3）井底挡球腐蚀或被脏物卡住，造成漏失，测试时最下层段注水量增加。

（4）管柱漏失、管柱脱节，导致测试水量猛增。

（5）封隔器失效，层段间相互窜通，测试水量增加。

（6）停注层堵塞器密封圈损坏或堵塞器未投严或封隔器失效，导致停注层测试时有水量。

处理方法：

（1）首先应彻底洗井，拔出水嘴清除堵塞，可适当放大水嘴，进行降压测试。改善注入水质，更换井下管柱。

（2）捞出层段堵塞器。检查更换水嘴后，重新投入堵塞器。

（3）通过反洗井使挡球归位，如不能回位上报作业处理。

（4）通过逐级吊测检查漏点、投死嘴或井下管柱验封判断是否漏失，如漏失上报作业处理。

（5）洗井后，重新释放封隔器后验封，如不能解决上报作业调整。

（6）拔出堵塞器检查更换密封圈重新投入。重新释放封隔器。无效后上报作业处理。

11. 注水井测试阀门常见故障及处理方法

故障原因：

（1）阀门长时间未加注润滑油，阀门轴承缺油损坏，导致阀门锈死无法打开。

（2）阀门闸板与丝杠脱离，开关阀门时丝杠动而闸板不动，导致测试阀门无法打开。

（3）操作过猛或铜套质量问题，导致铜套断裂，测试阀门打开后无法关闭。

（4）闸板或阀体密封圈损坏；闸板槽有杂质造成闸板关闭不严。

（5）阀门丝杠密封圈损坏，导致注入水从丝杠处漏出。

（6）阀门压盖安装偏斜、压盖开裂或压盖密封圈损坏，导致注入水从压盖处漏出。

处理方法：

（1）更换阀门压力轴承，定期加注润滑油。

（2）维修更换测试阀门。

（3）更换新的铜套，上紧压盖。

（4）关井、放空，清除闸板槽内的杂质；维修更换阀门。

（5）更换丝杠密封圈。

（6）发现阀门压盖偏斜、开裂应停止使用，立即更换。压盖密封圈损坏时更换压盖密封圈。

12. 分层注水井封隔器失效的原因分析及判断方法

故障原因：

（1）作业修井后，封隔器未释放开，无法起到封隔作用。

（2）封隔器胶皮筒破裂，导致封隔器失效。

（3）井下管柱变形导封致隔器失效。

（4）作业时，管柱下入位置不准确，封隔器卡封在油层位，失去密封作用。

（5）套管阀门不严或油管密封头漏失，导致封隔器失效。

判断方法：

（1）重新释放封隔器再次验封，根据验封资料判断是否失效。

（2）根据同位素测井判断停注层是否吸水，若吸水则不密封。

（3）对起出封隔器进行打压，看连接部位及密封件是否漏失。

（4）最上一级封隔器失效时，可在注水情况下打开套管放空阀门观察出液情况。

13. 测试时注水井油管漏失的原因分析及判断方法

故障原因：

（1）井下油管使用时间过长，或受注入介质腐蚀，产生漏失。

（2）作业修井时，操作不当或未涂高压密封脂，导致油管螺纹漏失。

（3）套管变形严重，造成油管破裂或错断，产生漏失。

判断方法：

（1）分层测试时，在油压稳定、注入量稳定、井口 50m 的水量和地面水表的水量一致条件下，所测偏 1 水量小于井口的水量，初步判断为油管漏失。

（2）用非集流流量计从偏 1 以上吊测，以每 100m 为一个测试点一直吊测到井口，就可以找到油管漏失的大概位置。

（3）用验封密封段封堵偏心通道（桥式偏心除外），井口放大注水压力，水表转动说明油管有漏失。

（4）全井投死嘴后，观察地面水表转动情况，若水表转动说明管柱漏失。

14. 分层注水井测试过程中井下水嘴堵塞的原因及处理方法

故障原因：

（1）地面注水管线结垢或分层注水井水质不合格导致水嘴堵塞。

（2）地面更换注水管线或水表时脏物进入注水管线，随注入水注入井下堵塞水嘴。

（3）测试时下井仪器工具未清理，携带脏物进入井内堵塞水嘴。

（4）井下管柱结垢，测试起下仪器过程中垢片掉落堵塞水嘴。

处理方法：

（1）冲洗或更换地面注水管线，改善注入水水质。

（2）拔出井下水嘴，清除堵塞。

（3）做好仪器工具下井前的检查与清理工作。

（4）下工具清理管柱洗井，井下管柱结垢严重时应及时更换。

15. 分层注水井偏心堵塞器投不进去的原因及处理方法

故障原因：

（1）偏心堵塞器"O"形密封圈过盈量太大；偏心堵塞器加工不规则或弯曲变形。

（2）偏心孔内有泥沙、铁锈等脏物；偏心工作筒内有堵塞器；偏心工作筒加工不规则。

（3）投捞器投捞爪角度不合适或投捞爪弹簧弹性不足，投送时无法对正配水器偏心孔。

（4）下放过快或操作不平稳中途碰掉，导致堵塞器投送失败。

处理方法：

（1）调整堵塞器"O"形密封圈过盈量的大小，使之合适。

（2）大排量洗井后重新投堵塞器；打印铅模验证后，将原有的堵塞器捞出；最后采用作业的办法来解决。

（3）调整投捞器投捞爪的角度，更换投捞爪的弹簧。

（4）下放速度不要过快，操作要平稳。

16. 分层注水井偏心堵塞器打捞杆弯曲原因及处理方法

故障原因：

（1）投捞井下堵塞器时，下放仪器过猛，造成偏心堵塞器打捞杆弯曲。

（2）投捞器投捞爪角度不合适，无法对正堵塞器打捞杆，造成偏心堵塞器打捞杆弯曲。

处理方法：

（1）打印模时一般打两次，投捞器过工作筒后上提不要过高，不要猛下，以免造成印模无法辨认。

（2）根据印模判断打捞杆弯曲方向及弯曲程度，采用相应方法。

（3）使用扶正转向工具时，一定要按印模所探方向分左、右方向使用不同工具，不能装错。

17. 分层注水井投捞器捞到偏心堵塞器但拔不出来的原因及处理方法

故障原因：

（1）偏心堵塞器"O"形密封圈过盈量太大，使仪器卡住；偏心堵塞器在井下时间过长，造成腐蚀生锈与偏心孔成为一体；偏心堵塞器凸轮失灵无法收回卡死在偏孔中。

（2）偏心孔内有泥沙等杂物，将堵塞器卡死；偏心堵塞器或偏心孔加工不规则，有毛刺变形等质量问题导致偏心堵塞器卡死在偏孔中。

处理方法：

（1）对于捞住偏心堵塞器但拔不出来的故障，可采用手摇绞车活动钢丝反复振荡的办法来处理，也可采用反洗井的办法，但时间不要过长，一般不超过 10min；如采用以上办法仍不能将偏心堵塞器捞出或使投捞器脱卡，可将钢丝在投捞器绳帽处拔断，改用较粗的钢丝或钢丝绳下入打捞器进行打捞。

（2）如采用以上办法仍然不能有效，将采取作业的办法来解决。

18. 分层注水井投捞器捞不到偏心堵塞器的原因及处理方法

故障原因：

（1）投捞器投捞爪角度不合适，无法对正偏心堵塞器打捞杆。

（2）工作筒内腐蚀严重，偏心堵塞器上部有铁锈、泥沙等脏物使投捞爪抓不住堵塞器打捞头；工作筒质量有问题，导向体开口槽与偏心孔不同心。

（3）投捞器打捞头卡瓦损坏或组装不合格，导致无法卡住堵塞器打捞头。

（4）偏心堵塞器的打捞杆弯曲或断裂，导致打捞头无法打捞。

（5）所捞层段配水器内无堵塞器。

处理方法：

（1）调整投捞器投捞爪角度，使之合适。

（2）大排量洗井后，再进行打捞；工作筒有问题时修井作业解决，并加强工具下井前的检查。

（3）更换合格的打捞头。

（4）用专用打捞头进行打捞，无效后上报作业解决。

（5）打印铅模验证工作筒内是否有偏心堵塞器。

19. 注水井挡球漏失的原因及处理方法

故障原因：

（1）挡球磨损使挡球表面不光滑。

（2）有泥沙或死油，使挡球坐不严。

（3）挡球座损坏。

处理方法：

进行大排量洗井，若没有效果即进行作业。

测试仪器常见故障

1. 井下超声波流量计测试时常见故障及处理方法

故障原因：

（1）流量探头有油污或损坏，过水通道堵死。测试卡片，只测出压力而未测出流量。

（2）压力温度传感器损坏。测试卡片，只有流量台阶而未测出压力。

（3）测试过程中仪器电池没电或虚接，测试资料未测完全。

（4）流量计停测位置不合适或扶正器损坏，导致测试水量不准。

（5）测试过程因操作不当测试仪器受到猛烈撞击，流量计信号处理电路损坏，造成测试数据异常。

处理方法：

（1）清洗检查流量探头及过水通道，如损坏更换并重新校验。

（2）检查更换压力温度传感器，并重新校验。

（3）测试前检查电池电量应充足；仪器有问题及时修理更换。

（4）维修扶正器，改变停测位置，避让封隔器、配水器等管径较小部位。

（5）测试时平稳操作，避免猛顿、猛放损坏仪器。

2. 存储式井下流量计回放测试数据时常见故障及处理方法

故障原因：

（1）通信电缆断或数据回放仪通信口接触不良。进行数据回放及参数设置时井下流量计与数据回放仪无法正常通信。

（2）数据回放仪电池没电、电源开关失灵、显示仪灰度开关调节不当、显示屏损坏或连接松动。导致数据回放仪打开电源后显示屏无显示。

（3）数据回放仪电池电量过低打印机无法工作；打印机驱纸机构磨损或有异物阻卡造成打印不连续；打印机色带损坏或无墨造成打印字迹不清。

处理方法：

（1）数据回放仪电池亏电时应及时充电。

（2）维修或更换通信电缆，检查清洁回放仪通信口，如有故障应及时修理。

（3）检查调整灰度旋钮，维修更换回放仪电源开关。重新插接，维修更换显示屏。

（4）清洁、检查驱纸机构，重新安装打印纸。更换色带，加注墨水，检查维修或更换打印机。

3. 联动测试过程中电流变大的故障及处理方法

故障原因：

（1）联动测试仪在井下测试时电缆头进水，造成短路，导致地面控制箱显示电流突然增大。

（2）电缆绝缘层损坏或电缆质量问题，造成短路，导致地面控制箱显示电流突然增大。

（3）测试电缆与绞车电缆滑环连接接头处短路，导致下放仪器过程中地面控制箱电流突然增大。

（4）使用联动测试仪调整井下堵塞器时，由于井下可调堵塞器转动部件卡死调不动，导致地面控制箱电流增大。

（5）井下测调仪内电子线路有故障，导致启动联动测试仪时，地面控制箱电流增大。

处理方法：

（1）重新连接电缆头，做好绝缘保护工作。

（2）更换质量合格的电缆，或找出电缆短路点视情况切除或更换电缆。

（3）检查滑环接头找出故障点排除。

（4）打捞出可调堵塞器并更换合格的可调堵塞器重新投送。

（5）维修更换井下测调仪。

4. 联动测试时井下可调堵塞器调整后层段流量无变化的故障及处理方法

故障现象：

联动测试仪在井下对可调堵塞器进行调整时，地面显示层段流量无变化。

故障原因：

（1）可调堵塞器损坏或卡死。

（2）联动测试仪电动机损坏或机械调节臂传动部件磨损、卡死导致调整时层段流量无变化。

（3）联动测试仪传动离合器齿轮啮合外油污过多或磨损严重，导致调整时出现打滑、跳动无法完成调整。

（4）测调仪加重不够或可调堵塞器调节接头内有脏物，造成调节头和可调堵塞器结合不紧密。

处理方法：

（1）如是可调堵塞器损坏，应下入投捞器将损坏的堵塞器捞出，重新投送可调堵塞器后，进行调配。

（2）将测调仪起出，在地面修理好机械调节臂，并进行试调后，再下入井进行调配。

（3）起出联动测试仪检查清洗离合器部件，齿轮磨损严重时应及时更换。

（4）调节头与可调堵塞器结合不好，可适当加重或洗井后重新调配，无法解决时应进行投捞更换可调堵塞器。

5. 注水井联动测试仪常见故障及处理方法

故障现象：

地面计算机发出操作指令后，井下仪器不工作或地面控制箱显示电流值增大。

故障原因：

（1）密封圈失效、电缆头接线端子虚接或绝缘不良，致使电缆头出现断路、短路现象，联动测试仪无法正常工作。

（2）测试时电流超出电动机的工作电流，致使电动机损坏，地面控制系统发出指令后，井下联动测试仪无动作。

（3）调节臂内部零件损坏或井底太脏调节臂内部污垢过多，导致传动部件卡死无法动作。

（4）各传感器出现故障或仪器内部集成电路板有损坏，测试时无法采集井下压力、温度、流量等数据。

（5）井下联动测试仪离合器损坏致使调节臂无法张开或调节臂内支撑弹簧弹性不足，导致张开角度不够，测试仪无法与层段可调堵塞器对接。

处理方法：

（1）更换密封圈，重新连接电缆头，并做好绝缘。

（2）调整地面控制箱电流，找出电流过大的原因，排除故障。

（3）分解清洗调节臂各个零部件，更换损坏的零件。

（4）检查维修各个部件，如不能使用则更换，重新标定后才能使用。

（5）维修更换联动测试仪离合器；调节臂张开角度不够时应检查更换支撑弹簧。

6. 存储式井下流量计地面回放仪打印机常见故障及处理方法

故障现象：

（1）回放仪执行打印操作时，打印机不工作。

（2）打印测试卡片时，打印纸不能自动卷出或打印一部分就停止。

（3）打印机打印后记录纸上字迹不清晰。

故障原因：

（1）打印机连接排线松脱或回放仪亏电。

（2）打印机驱纸胶筒有污物、驱纸机构传动齿轮有卡阻或损坏或打印纸未安装好。

（3）打印机色带缺墨，色带损坏。

处理方法：

（1）检查打印机连接排线重新插接；回放仪亏电时应及时充电。

（2）检查驱纸机构，清洁驱纸胶筒，重新安装打印纸。

（3）缺墨时应对色带加入墨水，色带损坏及时更换。

7. 直读式井下流量计不工作的常见故障现象及处理方法

故障现象：

（1）测试时地面设备无法接收到数据信号。

（2）地面控制系统发出指令后井下仪器无动作。

故障原因：

（1）测试时没有数据原因。

①仪器供电不正常。②检测及信号处理、单片机电路、调制解调单元、时钟电路有故障。

（2）不能配接遥测仪原因。

单片机非正常工作或总线通信电路不正常。

（3）没有流量信号原因。

超声波发射电路、超声波信号处理电路或单片机电路有问题。

处理方法：

（1）测试时没有数据处理方法。

① 检查井下流量计电流是否正常，缆头电压是否在正常范围内。如不正常，应调节供电的电压及电流限制。

② 检查电源电路部分是否正常，是否有器件损坏。如有异常，更换相应的损坏器件。

③ 检查引线破皮、密封塞进水破皮不绝缘，否则更换引线、胶尾、密封塞。

（2）地面控制系统发出指令后井下仪器无动作。

① 检查仪器供电是否正常，电流是否达到要求，缆头电压是否在正常范围内。如不正常，调节供电电压及电流限制。

② 用示波器检查总线通信电路工作是否正常，如有损坏器件，更换相应器件。

8. 井下流量计测试时间不准的故障现象及处理方法

故障现象：

（1）测试曲线显示时间比正常测试时间短，台阶正常。

（2）测试曲线显示时间比正常测试时间短，台阶不正常，中间有断点。

故障原因：

（1）井下流量计电池电压不足。

（2）井下流量计电子元件损坏，时钟电路、单片机电路有故障。

（3）井下流量计通信电缆出现虚接、开焊。

处理方法：

（1）检查电池电压是否偏低。

（2）检查时钟电路、单片机电路工作是否正常，电子元件是否有损坏，一般情况下晶振会有故障，对有故障的电器元件进行更换。

（3）检查通信口引线是否虚焊，若虚焊重新焊接。

9. 分层注水井验封密封段常见故障及处理方法

故障原因：

（1）验封密封段胶筒过盈尺寸调整过小，无法实现密封。

（2）验封密封段胶筒过盈尺寸调整过大，起下坐封过程中被井下工具刮漏。

（3）验封密封段定位爪失效，导致无法坐封。

（4）验封密封段进压孔堵塞。

（5）与验封压力计连接部分密封圈损坏。

（6）验封密封段胶筒固定挡圈松，起下坐封过程中被井下工具刮翻。

处理方法：

（1）密封段胶筒在地面靠仪器自重压缩后其最大外径应不小于46.5mm。

（2）更换验封密封段胶筒，调整密封段胶筒，拉伸后最大外径应不大于46mm。

（3）下井前应检查定位爪收拢后释放情况，检查更换定位爪支撑弹簧。

（4）清理验封密封段进压孔。

（5）检查更换与验封压力计连接部位的密封胶圈。

（6）重新安装验封密封段胶筒，上紧胶筒固定挡圈。

10. 弹簧管式压力表的常见故障现象及处理方法

故障现象：

（1）压力表回程误差超差。

（2）压力表指针不落零。

处理方法：

（1）弹簧管产生了残余变形，则更换弹簧管。

（2）传动机构部分松动产生了位移，则紧固松动部位。

（3）指针不平衡，则更换指针或调节机芯扇形齿轮与中心轮间隙并调试夹板间隙。

（4）游丝太松、转矩太小，则旋紧游丝、加大游丝力矩。

（5）中心轮未装游丝则安装游丝。

（6）传动比不合适则调整传动比。

（7）拉杆长度不合适则重新调整拉杆长度。

（8）指针松动则重新紧固指针。

11. 井下电子压力计测试时常见故障及处理方法

故障现象：

（1）井下电子压力计不采集数据。

（2）井下电子压力计所测压力不准。

（3）井下电子压力计回放数据时不能通信。

故障原因：

（1）密封圈损坏，导致井下电子压力计内部进液无法工作。

（2）电池没有电或电池电量不足，井下电子压力计无法正常采集数据。

（3）电子压力计的传感器有故障或未定期校验，导致测试压力不准。

（4）回放仪有故障或电子压力计通信口有故障。

处理方法：

（1）更换电子压力计密封圈。

（2）测压前应给回放仪及电子压力计的电池充足电。

（3）更换或维修电子压力计的传感器，定期校检电子压力计。

（4）维修或更换回放仪，并定期检查电子压力计的通信口。

12. 电子压力计压力示值超差故障及处理方法

故障原因：

（1）电子压力计电池电压过高。

（2）电子压力计传感器损坏。

（3）电子压力计电路板有问题。

处理方法：

（1）检查电子压力计电池电压是否高于工作电压，否则，更换电池。

（2）检查电子压力计压力温度传感器是否损坏，若损坏，更换压力温度传感器。

（3）重新标定仍超差则更换电路板并标定仪器。

13. 活塞式压力计不起压的故障及处理方法

故障原因：

（1）活塞式压力计导压管破裂或与阀座连接处开焊。

（2）各控制阀门或导压管连接处的垫圈老化或压紧螺母松动。

（3）活塞式压力计接头处渗漏。

（4）活塞式压力计油杯阀针或阀孔锈蚀损伤。

（5）活塞式压力计油杯内压紧螺母松动或密封圈损坏。

（6）活塞式压力计手摇泵内皮碗或垫圈磨损严重。

（7）活塞式压力计手摇泵内壁出现磨损或划痕。

处理方法：

（1）检查更换导压管，若开焊可补焊、试压后使用。

（2）检查更换老化的密封垫圈，上紧螺母防止卸压。

（3）查找渗漏原因，加放或更换密封圈并拧紧接头。

（4）用油石和研磨砂（膏）等修磨阀针或更换阀针、阀座。

（5）检查油杯内压紧螺母是否松动，如有问题则上紧螺母或更换密封圈。

（6）更换手摇泵内的皮碗或垫圈。

（7）手摇泵内壁出现划痕及磨损时更换手摇泵。

14. 直读式井下电子压力计的常见故障现象及处理方法

故障现象：

（1）工作不稳定，测量数据紊乱。

（2）数据未写入或未采全。

（3）测试数据超出仪器量程。

（4）井下电子压力计内部进液。

处理方法：

（1）严格执行操作标准，测试井测试前要稳定生产，仪器起下要保持平稳。

（2）加强仪器的校检，及时更换异常元件，确保仪器下井前正常工作。

（3）针对不同井况选取适当量程、适当存储容量的压力计。

（4）对于常规井，及时更换密封胶圈；对于高温含硫井，在更换专用密封胶圈的同时，应改变压力计的密封结构，防止泄漏。

15. 存储式井下电子压力计的常见故障现象及处理方法

故障现象：

（1）卸开仪器后，仪器内有水。

（2）所测压力卡片不完整或仪器未采点。

（3）所测压力不准或压力台阶异常。

（4）回放仪与压力计不能通信。

处理方法：

（1）更换压力计密封圈。

（2）测压前应保证回放仪及压力计电池电量充足。

（3）更换或维修电子压力计的传感器后，校检电子压力计。

（4）维修或更换电子压力计和回放仪的通信端口及通信电缆。

16. 测试过程中引起仪器电池爆炸的原因分析及预防措施

故障原因：

（1）电池筒密封失效，造成地层液体进入电池筒，使电池短路而发生爆炸。

（2）地层温度太高，超过了电池的额定温度指标。

（3）电子压力计控制程序的加密区设置太长，使工作电流所产生的持续高温在地层中来不及散发，致使电池发生爆炸。

（4）充电时间过长或充电器电流过大致使电池发生爆炸。

（5）仪器电池存放位置不当，造成电池温度过高而发生爆炸。

预防措施：

（1）要仔细检查下井仪器电池筒的密封圈和支承环，一旦有问题应立即更换。

（2）在编制压力计控制程序时不要将加密区设置得太长，以免电池供电电流所产生的热量由于采点过于频繁而无法散发。

（3）起下仪器时不要猛提猛刹，防止碰撞而使电池筒变形造成不密封。

（4）拆装仪器时要轻拿轻放，电池充电时，充电时间不宜过长。

（5）电池要低温存放，不能在日光下曝晒或靠近火源。

17. 常见测试仪器损坏的原因及预防措施

故障原因：

（1）仪器没有放入专用箱或固定在架子上，车开动后，仪器晃动或倒下。

（2）仪器放入防喷管时过快，发生顿闸板。

（3）提到井口时没有减速，撞击井口防喷盒。

（4）上、卸仪器时未使用专用扳手，用管钳上卸而把仪器损坏。

（5）仪器螺纹未经常涂润滑油，致使螺纹磨损或错扣。

（6）下放过快或油管深度不清而撞击油管鞋。

（7）分层测试时坐封过猛。

（8）用仪器探砂面。

预防措施：

（1）上井测试时将仪器放入专用箱或固定在架子上。

（2）仪器放入防喷管时，要慢放，以免顿闸板。

（3）仪器起到距井口 30m 时由人工手摇，使仪器慢慢进入防喷管。

（4）禁止用管钳上、卸仪器。

（5）每次测试时要擦洗螺纹并涂抹专用润滑油。

（6）测试时弄清井下管柱情况，一般不得下出油管鞋。

（7）进行分层测试时，接近坐封位置不得猛放。

（8）不准用仪器探测砂面。

18. 综合测试仪常见故障及处理方法

故障现象：

综合测试仪在录取功图、动液面资料时，显示异常或无显示，无法对油井进行正常测试。

故障原因：

（1）载荷位移传感器电源开关损坏或掉线。

（2）位移拉线齿轮掉齿，产生位移漂移大。

（3）测试仪在录取资料过程中，出现死机现象。

（4）微音器连接线有断路或短路现象。

（5）与井口连接器连接的"卡箍头"螺纹有损坏，漏气严重。

（6）增益调整不合理，微音器脏或微音器损坏。

（7）因通信电缆或连接口出现故障，通信失败。

处理方法：

（1）更换电源开关或重新焊接断线。

（2）重新标定。

（3）更换位移齿轮。

（4）关机重新开机。

（5）检查微音器连接线进行修复或更换。

（6）更换"卡箍头"螺纹，重新测试。

（7）重新调整增益；清洗微音器室及微音器，如有损坏及时更换。

（8）维修或更换通信电缆或连接口。

19. 综合测试仪测液面时无信号波的故障及处理方法

故障原因：

（1）液面通信线损坏或插头接触不良。

（2）测试仪主机采集板损坏。

（3）微音器内线路断路或微音器损坏。

处理方法：

（1）检查液面通信线是否损坏，如损坏则更换液面通信线。

（2）检查采集板是否损坏，如损坏则更换采集板。

（3）检查更换微音器。

20. 液面自动监测仪的常见故障及处理方法

故障现象：

（1）测不出液面曲线。

（2）测试时出现曲线下行。

处理方法：

（1）检查信号电缆或套压传感器，如传感器坏则更换。

（2）检查信号电缆、微音器是否正常，声波传输通道是否畅通，更换主机。

21. 液面自动监测仪不击发的故障及处理方法

故障现象：

在仪器状态良好，控制箱与井口连接器连接正常的情况下，控制仪下达击发命令后，井口没有明显的击发声响，阀杆组件也没有击发动作。

故障原因：

（1）电磁阀控制信号线断裂或虚接，导致高压电源不能送入电磁阀产生击发所需的磁信号。

（2）控制仪内的逆变电压器存在故障，不能逆变产生所需的高电压。

（3）井口连接器击发部件松动、卡死或击发弹簧弹性不足。

（4）液面自动监测仪主机线路板有故障。

处理方法：

（1）检查更换液面信号电缆中的电磁阀控制信号线，如有虚焊则应重新焊接。

（2）用万用表电压挡测量磁信号两根信号线在待击发状态下的电压是否达到 70V 左右，如果电压低或者没有电压，则须维修更换逆变电压器。

（3）将井口连接器上部拆除，检查阀杆组件上部的击发部件是否松动或者生锈卡死，用除锈剂进行清理。检查弹簧是否疲劳受压缩短，导致回复力不足。

（4）维修或更换液面自动监测仪主机线路板。

测试操作常见故障

1. 注水井落物打捞过程中发生井下工具二次掉卡的故障原因及预防措施

故障原因：

（1）打捞工具选择不当或井下落物状况不清，导致打捞工具在井下遇卡。

（2）打捞过程中加重过大或下放过猛，造成打捞工具或井下落物变形。

（3）打捞过程中起仪器速度过快突然遇阻。

（4）打捞过程中防喷管未用绷绳固定或未使用导向滑轮，拔断防喷管，导致从井口钢丝拉断。

（5）井下落物卡死，打捞时绞车拉力控制不当，造成打捞工具掉落。

（6）打捞过程中，放空卸压过猛，造成打捞工具或井下落物窜入钢丝内卡死。

预防措施：

（1）注水井落物打捞前应组织相关人员分析故障原因，了解落物井生产状况及井下管柱结构。核实井下落物结构及外形特征，选择合适打捞工具并绘制草图，注明尺寸。

（2）在打捞过程中，如果一次或多次未捞上，不要一味猛顿，防止损坏鱼顶形状，给下步打捞造成困难。

（3）在打捞落物过程中，无论打捞何种落物，下放和上提速度都应缓慢、平稳，不能猛刹、猛放。

（4）打捞时如需使用防喷管应使用导向滑轮减少防喷管所承受的拉力，防喷管过长时应用绷绳加固。

（5）下入的打捞工具遇卡拔不动时，应及时脱卡，以便进行下一步措施。

（6）打捞过程中需放空卸压时，人员分工明确并由一人统一指挥并注意控制好卸压速度。

2. 使用井下打捞矛时的常见故障及处理方法

故障原因：

（1）选择的打捞矛尺寸过大，在井内遇阻，下不到目的深度，无法打捞。

（2）选择的打捞矛尺寸过小，在井内打捞时，无法与井下绳类落物形成有效缠绕。

（3）制作打捞矛时，材料选择不当，钩齿捞住绳类落物后受力变形，导致打捞失败。

（4）打捞钩齿焊接不牢固，在打捞过程中，受力断裂造成打捞失败。

（5）打捞矛钩齿焊接角度或钩齿尖角不合适，在井下无法钩住绳类落物。

（6）打捞矛放入防喷管或下入井内时速度过快，导致打捞矛变形，无法打捞。

处理方法：

（1）选择打捞矛尺寸时，应考虑下入深度的管柱直径及绳类落物直径，打捞矛能顺利起下，并能与井下绳类物形成有效缠绕。

（2）自制打捞矛时，所选材料的直径、弹性、强度应能满足打捞要求。

（3）打捞矛下井前，应对焊接部件及螺纹连接部位进行检查，防止二次掉落事故的发生。

（4）自制焊接打捞矛时，钩齿的尖角应为30°，钩齿与主体角度也应保持30°。

（5）打捞矛放入防喷管或下入井内时应缓慢，防止钩齿变形。

3. 测试仪器掉入井内的故障及处理方法

故障原因：

（1）钢丝质量有问题，钢丝有砂眼，或长期磨损，有裂痕、硬伤痕；钢丝绳结没有打好，钢丝跳槽等原因造成钢丝断，致使打捞工具掉入井内。

（2）转数表不转或跳字造成计量深度不准而撞击堵头，使打捞工具掉入井内。

（3）打捞工具的连接部位未上紧造成打捞工具脱扣而使打捞工具掉入井内或打捞工具焊接不牢固，落物卡得太死，抓住落物后钩被拉坏。

（4）负荷过重，未安装地滑轮造成滑轮或防喷管折断而将钢丝拉断。

处理方法：

（1）定期检查钢丝质量，查看是否有砂眼，或磨损；钢丝的绳结一定要打结实；起下钢丝一定要平稳，防止钢丝跳槽；调整滑轮与堵头使之同心。

（2）经常检查及维修转数表，如有故障及时维修或更换。

（3）打捞工具一定要焊接牢固，各连接部位一定要紧固防止脱扣事故的发生。

（4）维修或更换合格的滑轮，防止因滑轮质量问题而造成钢丝断而使钢丝落入井内。

（5）如以上方法不能排除故障，上报作业处理。

4. 使用卡瓦打捞筒打捞井下落物时常见故障及处理方法

故障现象：

（1）卡瓦打捞筒捞不到落物。

（2）捞到落物后拔不动。

故障原因：

（1）落物被脏物填埋，落物的鱼顶变形。

（2）落物在井下卡钻严重或管柱变形。

（3）卡瓦筒与压紧头拉脱或绳帽拉脱，卡瓦片损坏。

处理方法：

（1）采用反洗井的办法将脏物洗出。

（2）卡瓦筒下井前与振荡器连接好，抓住落物后反复振荡，直到解卡为止。

（3）仪器下井前各连接部位一定要紧固好。

（4）上述方法无效则报作业解决。

5. 测试过程中仪器螺纹脱扣故障及处理方法

故障原因：

（1）密封圈破损，仪器各部位未上紧。

（2）仪器螺纹磨损或错扣。

（3）绳结不合格，在绳帽中转动不灵活，造成仪器退扣。

（4）新钢丝下井之前未先下井预松扭力。

处理方法：

（1）下井前各螺纹连接部位要再紧固，密封圈有损坏现象要及时更换。

（2）若螺纹有损坏，应停止使用。

（3）下井前要检查绳结在绳帽内的转动情况。

（4）新钢丝下井之前一定先下井预松扭力。

6. 打捞仪器螺纹脱扣落物失败的原因及处理方法

故障原因：

（1）螺纹打捞工具与井下落物螺纹扣型不吻合。

（2）螺纹打捞工具加重不足，导致在井下无法与落物对接。

（3）下放过猛，导致井下落物螺纹损坏。

（4）打捞时上提打捞工具过快，导致落物掉落。

处理方法：

（1）选择与落物螺纹扣型相匹配的螺纹打捞工具，并应在地面试验后方可下井打捞。

（2）适当加重后，重新下入进行打捞。

（3）打捞螺纹脱扣落物时，严禁猛顿、猛放，防止落物螺纹损坏无法打捞。

（4）捞住落物后，上提打捞工具时应控制好速度，防止落物重新掉落。

7. 测试时钢丝从井口滑轮处跳槽的故障及处理方法

故障原因：

（1）下放速度快，突然遇阻。

（2）下放速度慢，钢丝放得太松。

（3）操作不平稳，导致钢丝猛烈跳动。

（4）滑轮不正，未对准绞车或轮边有缺口。

（5）提仪器前，未去掉密封帽上棉纱之类的东西。

处理方法：

下放钢丝一定要平稳操作，控制好刹车。发现跳槽后绞车岗应继续下放钢丝，不能刹车，井口岗立即紧死堵头密封圈然后将钢丝扶入滑轮槽，并查明跳槽原因。

8. 测试时录井钢丝拔断掉入井内的故障及处理方法

故障原因：

（1）钢丝质量不好，有砂眼、内伤或死弯。

（2）钢丝使用时间过长，没有及时更换。

（3）绳帽打得不合要求，圆环有裂痕或圆环拉出。

（4）操作不平稳，仪器通过工作筒时速度过快。

（5）仪器在起下过程中突然遇卡，未及时停车或卸掉负荷。

处理方法：

（1）定期检查钢丝质量，定期更换测试钢丝。

（2）钢丝绳结必须打结实，严格检查小圆环有无伤痕，如有伤痕应重新打绳结。

（3）打捞钢丝前，要估算出钢丝大概位置，打捞工具下井一定要慢，要逐步加深。

（4）捞住钢丝后一定要反复压钢丝，让打捞工具抓紧钢丝。

（5）下放、上提时，仪器接近工作筒或斜井中上提仪器时，速度不超过 60m/min。

（6）捞住落物后，上提时要慢，操作人员一定要随时注意指重器的变化，负荷突然增加应立即停止上提，防止仪器遇卡产生二次掉落事故。

9. 测试时井下仪器发生卡钻的故障原因及处理方法

故障现象：

仪器工具上提过程中，指重器负荷增大，仪器不能上提。

故障原因：

（1）井内有落物，造成测试仪器卡钻。

（2）分层测试井中的水质不好，有脏物，测试仪器卡在工作筒内。

（3）工作筒有毛刺，工具、仪器螺钉退扣，下井工具不合格导致测试仪器遇卡。

（4）出砂或严重结蜡造成测试仪器卡钻。

（5）井斜、仪器长、别劲大、管柱变形，导致测试仪器无法上提、下放。

处理方法：

（1）有落物的井，必须打捞落物后，方可下仪器测试。

（2）仪器在上提或下放过程中如有遇卡现象，不硬拔、硬下，应勤活动，慢起下。

（3）仪器通过工作筒时速度要缓慢，通过后再用正常的速度起下，若仪器在工作筒内卡住，不硬拔，勤活动，慢上提。

（4）注意检查下井工具的质量。

（5）起下过程中随时观察指重器的负荷变化。

10. 测试时录井钢丝在井口关断的故障及处理方法

故障原因：

（1）操作人员思想不集中，配合不好将钢丝关断。

（2）转数表失灵或跳字，仪器没有起到防喷管内，既没有听到声音又未试探闸板，而关死阀门导致钢丝卡断。

（3）测试时井口没有挂牌或把清蜡阀门与总阀门用钢丝绑住后，试井人员离开。采油工关阀门，把钢丝关断，造成钢丝和仪器落入井内。

处理方法：

（1）各岗位密切配合，思想集中，听班长命令方可关闭阀门，并用钢丝将清蜡阀门与总阀门绑住或挂牌。

（2）仪器起到井口时，一定要先听声音，后试探闸板，确认仪器进入防喷管后，方可关闭阀门。

（3）进行不关井测压或测恢复压力时，一定要与采油工联系交接后方可离开。

11. 测试电缆或录井钢丝在进行环空测试时造成仪器缠井的故障原因及处理方法

故障原因：

（1）新电缆使用前未进行放电缆处理，电缆扭力大。

（2）钢丝绳结不合格，仪器随钢丝扭力转动发生缠井故障。

（3）仪器在未过导锥时上提速度过快。

（4）井口段井斜过大，绞车摆放位置与井口井斜方向不一致。

处理方法：

（1）当发生缠井故障时，先把仪器从遇卡处下放 10～20m 后，转动井口，手摇上提。

（2）若不能上提，说明井口转动方向不对，再下放 10～20m 向相反方向转动井口，上提仪器，反复多次直到将仪器解除缠绕为止。

（3）当转动井口无法解除缠绕时，可采取压井后抬井口处理的方法。

12. 电泵井测压阀堵塞常见故障及处理方法

故障现象：

起出仪器，回放曲线，曲线无明显压差变化，电泵井测压阀堵塞。

处理方法：

（1）清蜡制度不合理，油管壁结蜡严重。测试前应清蜡。

（2）刚清完蜡就测试，或清蜡不彻底，刮下的蜡块还悬浮在井筒中，仪器下行时连接器把蜡块挤入测压阀，堵塞测压阀传压孔。清蜡后停留足够时间后测试。

（3）井底出砂、井内有胶皮等杂物堵塞测压阀。井底出砂井进行热洗。

13. 油水井测试时造成防喷管拉断事故的原因分析及预防措施

故障原因：

（1）防喷管有伤痕，受力拉断。

（2）防喷管过长，未安装导向滑轮或拉绷绳固定防喷管。

（3）上提仪器时速度过快突然遇卡导致防喷管拉断。

（4）试井绞车拉力控制不当，遇卡后未及时卸载导致防喷管拉断。

预防措施：

（1）定期检查防喷管，严禁使用焊接的防喷管。

（2）使用加长防喷管进行测试时，一定要安装导向滑轮并用绷绳加固。

（3）严格控制仪器上提速度，未出工作筒时控制在 60m/min，出工作筒后控制在 150m/min。

（4）测试前应提前设定好绞车拉力，上提仪器时随时观察绞车压力变化情况，负荷急剧增大，应立即卸载。

14. 油水井测试过程中发生顶钻事故的原因及处理方法

故障原因：

（1）油井全井或分层产量高，压力高，仪器上提速度小于井内液流速度。

（2）油井脱气严重，仪器质量轻。

（3）关井测压时仪器未起出就开井。

（4）注水井测试处理故障时放空过猛。

处理方法：

（1）油井测试时不管是下仪器还是起仪器发现顶钻时一般都用控制或关闭生产阀门的方法来减缓或消除仪器顶钻现象。

（2）若下仪器发现顶钻，一定要绷紧钢丝，将仪器起出加重后再下。若上提仪器发现顶钻，一定要加快仪器上提速度，来不及时可用人背钢丝加速的办法。

（3）测静压时一定要起完仪器再开井。

（4）注水井处理故障放空时，要缓慢卸压，绞车岗应密切关注钢丝拉力情况，做好随时上起的准备。

测试设备常见故障

1. 测试绞车机械计数器失灵的故障原因及处理方法

故障原因：

（1）计数器传动软轴断或连接不牢固。

（2）机械计数器清零后，清零按钮未复位。

（3）机械计数器内齿轮损坏或卡死。

处理方法：

（1）检查传动软轴连接情况，若有断股及时更换。

（2）重新清零，并按测试仪器下入深度重新设置。

（3）机械计数器内齿轮损坏或卡死时更换计数器。

2. 测试绞车电子计数装置常见故障及处理方法

故障原因：

（1）电子计数装置电源未接通或线路出现断路导致电子计数装置显示屏无显示。

（2）计量轮测量头损坏，电子计数装置显示数字无变化。

（3）测量头通信线接头松动虚接，电子计数装置数字时走时停。

（4）电子计数参数设置不当，电子计数装置与机械计数器误差大。

处理方法：

（1）接通电源，检查计数装置电源开关及线路情况。

（2）更换计量轮测量头。

（3）检查更换通信线，重新插接。

（4）对照机械计数器校正计量参数。

3. 测试时机械及电子计数器同时失灵的故障原因及处理方法

故障原因：

（1）冬季施工时，绞车温度过低造成计量轮冰卡或打滑等。

（2）计量轮轴承损坏，导致计量轮不能转动。

处理方法：

（1）发现转数表失灵，应立即停车，查明原因，清除故障后，并记录已经起下的深度，然后根据实际情况决定起下。

（2）若下仪器时发现失灵，下入深度不多，可将仪器摇至井口，对好转数表后再下；下深较多，可事先计算好还需下入深度，将转数表对零后再下；属分层测试出现则不必停车，可直接将仪器坐入层段后，再检查处理。

（3）上起仪器过程中发现转数表失灵，也应立即停车，查明原因，并记清已经起上的深度，计算好还需上起的深度，将转数表归零后再上起；若还需上起深度不多时，应用手摇将仪器起至井口，防止从井口撞掉仪器发生事故。

4. 测试过程中，录井钢丝从计量轮处跳槽的故障及处理方法

故障原因：

（1）仪器下放速度快，突然遇阻，导致录井钢丝从计量轮处跳槽。

（2）下仪器过程中录井钢丝绷得不紧，突然遇阻，未及时将刹车刹住，导致录井钢丝从计量轮处跳槽。

（3）录井钢丝在绞车滚筒上缠绕过松，出现弯曲，导致下放时录井钢丝从计量轮处跳槽。

（4）测试绞车与井口未对正，别劲大，录井钢丝从计量轮处跳槽。

（5）转数表架子保养做得不好，压紧轮和计量轮咬合不适宜或未将钢丝压紧等，导致录井钢丝从计量轮处跳槽。

处理方法：

发现跳槽后，绞车岗应继续下放钢丝，不许刹车，并立即通知中间岗和井口岗，井口岗应立即紧死堵头密封圈，中间岗拉住钢丝，绞车岗将钢丝扶入转数表架子量轮槽内，查明跳槽原因后，决定起下仪器。如是压紧轮问题应调整或更换压紧轮使之与计量轮咬合紧密。

5. 联动测试液压电缆绞车常见故障及处理方法

故障现象：

（1）拉动操作手柄，控制压力不发生变化。

（2）液压马达转速低。

（3）系统噪声过高。

（4）液压油内有泡沫或气泡。

（5）液压油呈现白色或乳白色。

（6）油量过大，升温过快。

故障原因：

（1）油箱开关未打开或滤油器堵塞。

（2）液压马达或液压泵磨损严重，造成容积效率下降。溢流阀及其他元件失灵，内泄过大。

（3）螺栓松动或系统内存有空气。

（4）吸油管内进入空气。

（5）液压油内有水。

（6）溢流阀损坏，自动卸载造成泵及液压马达内泄大。

处理方法：

（1）检查油箱阀门和滤油器。

（2）检查液压泵、液压马达、溢流阀等。

（3）检查液压油箱的气泡，旋紧管连接；检查过滤器顶盖上的密封圈否完好；检查马达固定螺栓。

（4）检查旋紧吸油管接头。

（5）更换新的液压油。

6. 联动测试车载逆变电源常见故障及处理方法

故障现象：

（1）输出电压不稳定。

（2）打开电源开关无反应。

（3）逆变电源工作时，时断时续。

故障原因：

（1）逆变电源稳压功能不正常。

（2）电源开关接触不良或损坏。

（3）车辆颠簸造成接线柱松动。

处理方法：

（1）更换逆变电源稳压器。

（2）重新连接电源开关或更换电源开关。

（3）定期检查接线柱，如有松动及时紧固。

7. 测试绞车的常见故障及处理方法

故障现象：

（1）排丝器不工作，电缆或钢丝排列不整齐。

（2）电子计数器或电子指重器不显示。

（3）刹车失灵。

（4）液压动力不足。

（5）滚筒转动不平稳或有异响。

故障原因：

（1）滑块损坏，麻花轴损坏。

（2）连接线断或电源开关未打开。

（3）刹车带磨损严重或连接件腐蚀、断裂。

（4）油路堵塞、液压油位过低或控制阀调试不当。

（5）滚筒轴承损坏。

处理方法：

（1）更换滑块或麻花轴。

（2）检查电源线路。

（3）检查更换刹车带或连接件。

（4）排除堵塞或加注相同型号液压油，重新调试控制阀。

（5）更换轴承。

8. 试井绞车盘丝机构运转不正常的故障原因及处理方法

故障原因：

（1）滑块卡住或损坏。

（2）丝杠停止转动或损坏。

（3）转动齿轮故障使丝杠停止运动。

（4）钢丝排列不整齐，偏向一侧。

处理方法：

（1）更换滑块。

（2）检查更换丝杠。

（3）检查转动齿轮。

（4）调整丝杠及滑杠与支架的间隙，调整计量轮支架位置。

9. 试井绞车刹车失灵的故障原因及处理方法

故障原因：

（1）刹车带断裂、变形、脱铆。

（2）刹车带有油污、磨平、间隙大。

（3）刹车带固定螺栓脱落。

（4）刹车连杆没调整好。

（5）刹车联动杆断或螺钉脱落。

处理方法：

（1）更换刹车带。

（2）清洁、调整、更换刹车带。

（3）上紧固定螺栓。

（4）调整好刹车连杆。

（5）更换刹车联动杆或上紧螺钉。

10. 液压试井绞车滚筒不转动的故障原因及处理方法

故障原因：

（1）操作台控制电源未打开或出现断路故障。

（2）电控手柄、放大器损坏或线路故障。

（3）紧急卸载开关处于接通状态或张力继电器故障。

（4）取力器未挂合或出现故障。

（5）液压泵出现故障。

处理方法：

（1）打开操作台控制电源，检查排除断路故障。

（2）检查更换电控手柄线路及熔断丝，更换放大器。

（3）检查紧急卸载开关状态，更换张力继电器。

（4）重新挂全取力器，如不工作维修取力器。

11. 试井绞车液压系统无动力输出的故障原因及处理方法

故障原因：

（1）液压油箱液超规定范围，油质过稀或含水。

（2）油箱开关未全部打开，液压管线有渗漏现象。

（3）检查取力器未处于挂合状态，油泵未转动并且压力表没有指示。

（4）调节阀位置不正确，调压阀无效或调节过低，液压马达发生故障。

处理方法：

（1）补充或更换液压油。

（2）将油箱开关完全打开，更换液压管线。

（3）将取力器调整至挂合状态，修理或更换油泵及压力表。

（4）将调节阀调整至正确位置，修理或更换液压马达。

12. 试井绞车辅助压力过低的故障原因及处理方法

故障原因：

（1）滤油器堵塞。

（2）软管堵塞或不通。

（3）系统内有渗漏。

（4）定压阀调节不当或溢流阀损坏。

处理方法：

（1）检查并更换滤油器滤芯。

（2）检查供压管，进行清洗更换。

（3）紧固渗漏部位，如不能解决更换密封件。

（4）调节压力，检查更换溢流阀。

13. 液压试井绞车运转时振动噪声大、压力失常的故障原因及处理方法

故障原因：

（1）油箱液面过低，油箱透气孔堵塞。

（2）油泵轴漏气，吸入管或接头漏气，系统内有空气。

（3）吸入滤清器堵塞，油温过高产生蒸汽，油温过低。

（4）油泵磨损或损坏。

（5）试井绞车液压马达固定螺栓松动。

处理方法：

（1）检查用油是否正确，加油或换油；对油箱透气孔进行清洗。

（2）需更换密封环；紧固接头或更换新管；排尽系统内气体。

（3）应清洗或更换吸入滤清器；降低或升高油温。

（4）如油泵损坏应更换。

（5）检查紧固液压马达固定螺栓。

14. 试井绞车液压马达转速偏低的故障原因及处理方法

故障原因：

（1）液压泵或液压马达磨损严重，造成容积效率下降。

（2）溢流阀及其元件失灵，内泄过大。

（3）压力调节阀，控制过小。

处理方法：

（1）检查液压泵及液压马达，更换磨损部件。

（2）维修更换溢流阀。

（3）重新调整压力调节阀。

15. 液压试井绞车气动系统常见故障原因及处理方法

故障现象：

操作气动控制切换阀时，气缸无动作或动作过小绞车无法正常工作。

故障原因：

（1）试井绞车储气筒有冻堵或储气筒定压阀损坏造成压力过低。

（2）气动控制切换阀损坏或密封件漏气。

（3）气动系统密封件或连接管线有漏气现象。

（4）气缸活塞行程过小。

处理方法：

（1）更换定压阀，清除冻堵，储气筒应定期排水防止冻堵。

（2）维修更换气动控制切换阀。

（3）检查气动管线，更换密封件后，重新紧固。

（4）调整气缸活塞行程。

测试资料异常故障

1. 抽油机井测试动液面资料不合格的原因及处理方法

故障现象：

（1）测试液面时有干扰波，无法分辨出液面波位置。

（2）测试液面时有自激现象出现。

（3）井口波严重脱挡。

（4）液面曲线长度不足，未测出二次波。

（5）液面曲线上未测出液面波。

（6）液面曲线上只有井口波，其余部分均为直线。

故障原因：

（1）仪器本身问题或井筒不干净。

（2）井口震动或有漏气现象；灵敏度调节不当；仪器性能不稳定等。

（3）灵敏度挡位调节过大；套管阀门没开到位。

（4）测试等待时间短，未测到反射波，关机过早造成。

（5）灵敏度挡位调节过低。

（6）套压太低（小于0.2MPa）或无套管气，没有传送介质，声音无法在井筒内传播。

处理方法：

（1）测试液面时有干扰波，无法分辨出液面波位置处理方法。

① 重新标定回声仪。

② 热洗井稳定后，重测。

（2）测试液面时有自激现象的处理方法。

① 调整，紧固井口部件消除震动。

② 调整仪器灵敏度重新测试。

③ 检修，标定回音仪。

（3）井口波严重脱挡。

① 降低灵敏度挡位重测。

② 重新打开套管阀门。

（4）液面曲线长度不足，未测出二次波时，延长测试时间，等待足够时间，待二次波出现后再关机。

（5）液面曲线上未测出液面波，应调大灵敏度重新测试。

（6）套压太低（小于0.2MPa）或无套管气。

① 在井口连接器后接头安装氮气瓶或待套压升高后再测。

② 采取关闭油套连通憋高套压的方法重新进行测试。

2. 抽油机井测试示功图、动液面时必须进行复测的原因

（1）与前次示功图对比变化大，无合理解释原因的井。

（2）液面资料与功图相矛盾的井。

（3）连续两次测试的动液面波动大于±200m，而且没有原因的井。

（4）冲程、冲次变化较大，而示功图、动液面资料与生产和工作制度不符的井。

（5）凡因操作不当、仪器等影响液面曲线，使接箍波及液面波不易分辨的为不合格曲线。

3. 分层注水井验封资料异常的原因及处理方法

故障原因：

（1）验封压力计传压孔或密封段中心孔堵塞，导致上、下压力曲线不同步。

（2）验封压力计压力温度传感器故障，导致上、下压力曲线不同步。

（3）验封压力计电池电压不足，或仪器进液，导致测试曲线不完整。

（4）验封时关开井间隔时间过短或采样时间设置不当，导致曲线无法区分。

处理方法：

（1）检查清理压力计上部、下部传压孔及密封段中心孔重新测试。

（2）更换压力温度传感器，重新标定。

（3）检查更换密封圈，电量不足应更换电池。

（4）正确设置采样时间，每次关开井时间应不少于 5min。

4. 注水井分层流量测试资料异常的原因及预防措施

故障原因：

（1）测试水量与水表误差大。

（2）测试时停测位置不当，流量卡片出现倒台阶或降压卡片层段水量反常。

（3）注入水质不合格或井筒脏，流量台阶不平或压力曲线波动异常。

（4）测试卡片前后流量、压力差过大。

预防措施：

（1）测试时，应检查对比流量计与水表，误差应不大于 8%。

（2）根据管柱情况确定好停测试位置。

（3）测试前，应提前洗井，提高注水质量。

（4）控制流量稳定 15min 以上再进行测试。

5. 造成压力测试资料异常的原因及预防措施

故障原因：

（1）压力计密封胶圈老化、破损，造成进液，导致未采点。

（2）压力计运送不当，造成元件损坏，导致采点异常。

（3）压力计传压孔通道堵塞或不通畅，导致测试资料出现异常。

（4）压力计采样间隔设置错误，未能满足测试需求，导致测试资料出现异常。

（5）压力计未下至设计深度或未进入液面，造成测试资料报废。

（6）生产阀门关闭不严，造成测试资料报废。

预防措施：

（1）压力计下井前应检查密封部件，如有破损及时更换。

（2）压力计运送时，应放入专用仪器箱内避免磕碰。

（3）压力计下井前检查传压孔通畅，使用后应立即清洁。

（4）根据测试需要正确设置采样间隔，并应回读确认。

（5）严格执行测试设计，按深度进行测试。

（6）关井测压时，一定要将阀门关严。

第三部分

井 下 作 业

螺杆钻具常见故障

1. 使用螺杆钻具时压力表压力突然升高故障原因及处理方法

故障原因：

（1）马达失速。

（2）钻头水眼被堵。

处理方法：

（1）上提钻具 0.3～0.6m，核对循环压力，逐步加钻压，压力随之逐步升高，均正常，可确认曾是失速问题。

（2）清洗、通水眼。

2. 使用螺杆钻具时压力表压力慢慢升高故障原因及处理方法

故障原因：

（1）钻头磨损。

（2）地层变化。

（3）钻压异常。

处理方法：

（1）更换钻头。

（2）上提钻具、核实循环压力。

（3）钻压要控制在 5～15kN。

3. 使用螺杆钻具时压力表压力缓慢降低故障原因及处理方法

故障原因：

（1）循环压力损失变化。

（2）钻具刺漏。

处理方法：

（1）检查液体流量。

（2）起钻检查。

4. 使用螺杆钻具时没有进尺故障原因及处理方法

故障原因：

（1）旁通阀处于"开"位。

（2）地层变化。

（3）万向轴损坏。

处理方法：

（1）压力表读数偏低，稍提钻具，启、停钻井泵两次仍无效时，则需起出检查旁通阀。

（2）钻具稍稍提起，如果压力与循环压力相同则可继续钻进。

（3）稍提钻具，若压力波动范围变小，则只能起出钻具，检查或更换。

5. 使用螺杆钻具钻进时泵压下降故障原因及处理方法

故障原因：

（1）螺杆钻具损坏。

（2）螺杆钻具旁通阀孔刺坏。

处理方法：

（1）更换新的螺杆钻具。

（2）更换旁通阀。

防喷器常见故障

1. 环形防喷器封闭不严的故障原因及处理方法

故障原因：

（1）新胶芯关不严。

（2）旧胶芯有严重磨损，脱块。

（3）杂物沉积于胶槽及其他部位。

处理方法：

（1）若胶芯关不严，可多次活动解决，若支撑筋已靠拢仍封闭不严则应该更换胶芯。

（2）旧胶芯有严重磨损，脱块，已影响胶芯使用，应及时更换。

（3）若打开过程中长时间未关闭使用胶芯，使杂物沉积于胶芯槽及其他部位，应清洗胶芯，并按规程活动胶芯。

2. 环形防喷器关闭后打不开的故障原因及处理方法

故障原因：

（1）长时间关闭防喷器，胶芯产生永久变形或者老化。

（2）用于固井后胶芯下有凝固水泥。

处理方法：

（1）对于长时间关井造成胶芯变形或者老化失效的胶芯应更换新的合格胶芯。

（2）应清洗胶芯，并按规程活动胶芯。

3. 环形防喷器开关不灵活的故障原因及处理方法

故障原因：

（1）接头不干净。

（2）油路有漏失。

（3）液控系统缺失液压能量。

处理方法：

（1）管线在连接前，未用压缩空气吹扫，清洗不干净，应拆卸接头清洗干净并用压缩空气吹干净。

（2）更换新的油路管线，并清洗杂物。

（3）及时补充或者更换新的符合标准的液压油。

4. 闸板防喷器使用过程中井内介质从壳体与侧门连接处流出的故障原因及处理方法

故障原因：

（1）防喷器侧门密封圈损坏。

（2）防喷器壳体与侧门密封面有脏物或损坏。

（3）侧门螺栓松动。

处理方法：

（1）更换损坏的侧门密封圈。

（2）清除密封面脏物，修复损坏部位。

（3）以推荐扭矩上紧侧门螺栓。

5. 闸板防喷器使用过程中闸板移动方向与控制台铭牌标志不符的故障原因及处理方法

故障原因：

控制台与防喷器连接管线接错。

处理方法：

重新倒换防喷器油路接口的管线位置。

6. 闸板防喷器使用过程中液控系统正常，但闸板关不到位的故障原因及处理方法

故障原因：

闸板接触端有其他物质或沙子、钻井液块的淤积。

处理方法：

彻底清洗闸板及侧门的赃物，并用压缩空气吹扫干净。

7. 闸板防喷器使用过程中井内介质窜到液缸内，使油气中含水气的故障原因及处理方法

故障原因：

（1）闸板轴密封圈损坏。

（2）闸板轴变形或表面拉伤。

处理方法：

（1）更换损坏的闸板轴密封圈。

（2）修复损坏的闸板轴。

8. 闸板防喷器使用过程中液动部分稳不住压、锁紧解锁不灵活的故障原因及处理方法

故障原因：

（1）防喷器液缸损坏。

（2）防喷器活塞磨损或者损坏。

（3）防喷器锁紧轴磨损或者失效。

（4）防喷器锁紧活塞密封圈损坏。

（5）防喷器密封表面损伤。

处理方法：

（1）修复或者更换新的液缸。

（2）修复或者更换新的活塞。

（3）修复或者更换新的锁紧轴。

（4）修复或者更换新的锁紧活塞密封圈。

（5）修复或者更换新的密封表面。

9. 闸板防喷器使用过程中闸板关闭后封不住压的故障原因及处理方法

故障原因：

（1）闸板密封胶芯损坏。

（2）壳体闸板腔上部密封面损坏。

（3）离合器活塞的"O"形密封圈损坏。

（4）弹簧失去弹性。

（5）前后离合器齿部损坏。

处理方法：

（1）更换闸板密封胶芯。

（2）修复壳体闸板腔密封面。

（3）更换新"O"形密封圈。

（4）更换弹簧。

（5）更换前后离合器。

10. 闸板防喷器使用过程中控制油路正常，用液压打不开闸板的故障原因及处理方法

故障原因：

（1）闸板被泥沙卡住。

（2）离合器活塞的"O"形密封圈损坏，无法解锁。

（3）手动或者自动横向锁紧机构没有解锁。

处理方法：

（1）清除泥沙，加大液控压力。

（2）更换新的"O"形密封圈。

（3）检查锁紧总成，并解锁。

11. 闸板防喷器使用过程中显示杆不动作的故障原因及处理方法

故障原因：

显示杆的"O"形密封圈损坏。

处理方法：

更换新的显示杆"O"形密封圈。

12. 闸板防喷器使用过程中横向锁紧式闸板不能解锁的故障原因及处理方法

故障原因：

（1）油路有脏物。

（2）锁紧斜面损伤。

处理方法：

（1）可以适当提高解锁压力，但是不要超过 16MPa，清洗单向阀。

（2）修磨闸板轴端部和活塞斜面。

13. 闸板防喷器使用过程中观察孔有介质流出的故障原因及处理方法

故障原因：

（1）闸板轴靠壳体一侧密封圈损坏。

（2）闸板轴表面拉伤。

处理方法：

（1）更换损坏的闸板轴密封圈。

（2）修复损坏的闸板轴。

14. 闸板防喷器使用过程中观察孔有液压油流出的故障原因及处理方法

故障原因：

（1）闸板轴靠液缸一侧密封圈损坏。

（2）闸板轴表面拉伤。

处理方法：

（1）更换损坏的闸板轴密封圈。

（2）修复损坏的闸板轴。

15. 闸板防喷器更换闸板时，发现开启或关闭杆的镀层有缺口或剥落的故障原因及处理方法

故障原因：

接触的密封面和其他表面损坏。

处理方法：

应进行修复和更换。

作业施工过程中常见故障

1. 作业施工中大绳跳槽故障及处理方法

故障现象：

（1）提升大绳在天车跳槽，但大绳可以自由活动。

（2）提升大绳卡死在天车两滑轮之间，且大绳不能自由活动。

（3）提升大绳在游动滑车内跳槽，大绳能自由活动。

（4）提升大绳跳槽后，卡死在游动滑车内，大绳不能自由活动。

处理方法：

（1）把游动滑车用钢丝绳固定在井架上，通井机挂倒挡放大绳，使大绳解除负荷。操作人员系安全带在井架天车平台处，用撬杠把跳槽的大绳拨入天车槽内。慢提游动滑车，待大绳承受负荷后刹住刹车。卸下把游动滑车固定在井架上的钢丝绳与绳卡子。上下活动游动滑车两次，正常后停车。

（2）把游动滑车用钢丝绳与绳卡子固定在活绳上，通井机慢慢上提游动滑车，使提升大绳放松，刹死刹车。操作人员系安全带在井架天车平台处，用撬杠把卡死在天车两滑轮的大绳撬出并拨入天车槽内。慢放游动滑车，待各股都承受负荷后，卸下固定游动滑车的钢丝绳与绳卡子。慢慢上下活动游动滑车两次，正常后停车。

（3）慢慢下放游动滑车至地面上，并放松大绳。用撬杠把跳槽的大绳拨入天车槽内。慢提游动滑车离开地面。慢慢上下活动游动滑车两次，正常后结束处理工作。

（4）把游动滑车用钢丝绳和绳卡子固定在井架上。松活绳，操作人员先拉动活绳，然后依次拉松游动滑车的提升大绳，直到拉到卡死位置，再用撬杠把卡死的大绳撬出并拨入轮槽内。慢提游动滑车，直到完全提起后刹住刹车。卸下把游动滑车固定在井架上的钢丝绳与绳卡子。上下活动游动滑车两次，正常后停车。

2. 井下作业施工中人员伤害及应急措施处理方法

伤害类型：

（1）高处坠落。

（2）触电事故。

（3）高温烫伤。

（4）物体打击。

（5）管线爆裂。

（6）机械伤害。

（7）火灾爆炸。

（8）有毒有害气体泄漏。

（9）倒井架事故。

（10）设备事故。

处理方法:

(1) 高处坠落。发现人员坠落,立即停止操作;根据伤情判断是否需要拨打"120"急救电话;同时利用急救包、急救常识现场进行包扎、止血、防休克、防昏迷等紧急处理;注意若骨折,搬运伤者过程中应平稳,不能扭曲;向上级汇报,等待并引导救援。

(2) 触电事故。发现人员触电,立即切断电源,在未切断电源前,不准直接接触触电者;根据伤情判断是否需要拨打"120"急救电话;同时利用急救包、急救常识对触电者进行人工呼吸或心脏按压等紧急处理措施;向上级汇报,等待并引导救援。

(3) 高温烫伤。发生人员烫伤,先脱离热源;根据伤情判断是否需要拨打"120"急救电话;同时使烫伤部位裸露在空气中、用冷水清洗降温;向上级汇报,等待并引导救援。

(4) 物体打击。发生人员被压,先移开打击物体,防止移动过程中人员二次伤害;根据伤情判断是否需要拨打"120"急救电话;同时利用急救包、急救常识对被打击者进行止血、人工呼吸或心脏按压等紧急处理措施;向上级汇报,等待并引导救援。

(5) 管线爆裂。发现险情,及时躲避,立即切断管线动力源;若有人员受伤,根据伤情判断是否需要拨打"120"急救电话;同时利用急救包、急救常识现场进行包扎、止血、防休克、防昏迷等紧急处理;注意若骨折,搬运伤者过程中应平稳,不能扭曲;向上级汇报;修复、更换受损管线或等待并引导救援。

(6) 机械伤害。发生机械伤人,立即停止设备运转;根据伤情判断是否需要拨打"120"急救电话;同时利用急救包、急救常识对伤者进行初期救治;注意发生肢体被卡在设备内,不可采用倒转设备的方法取出肢体,应拆除设备部件取出被卡部位;如设备无法拆除,向专业人员进行求助;向上级汇报,等待并引导救援。

(7) 火灾爆炸。发现火灾,立即采取断电、隔离燃烧物、灭火器灭火、防火砂灭火、冷却法灭火等紧急处置措施进行火灾的初期扑救;切断所有电源、气源;带班干部根据火情判断是否需要拨打"119"火警电话,若火灾无法扑救,视火情抢救重要设备后所有人员撤离到安全集合点;爆炸发生后或有爆炸发生的可能性,所有人员立即撤至安全集合点;向上级汇报,等待并引导救援。

(8) 有毒有害气体泄漏。发现有毒有害气体泄漏,立即停止施工、撤至安全集合点;若有人员中毒,先脱离有毒有害区域,佩戴呼吸机进行现场紧急救治,同时带班干部根据伤情判断是否需要拨打"120"急救电话;人员佩戴呼吸机关闭井口闸门,使用防爆气体检测仪监测井口有毒有害气体浓度;向上级汇报;撤至安全集合点等待并引导救援。

(9) 倒井架事故。发生倒井架事故,发动机应立即熄火;切断所有电气设施;若有人员伤亡,根据情况及时拨打"120"急救电话,利用急救包、急救常识对伤者进行初期救治;同时向小队汇报,等待并引导救援。

(10) 设备事故。发生设备事故,立即停止设备运转,同时呼救;利用急救包、急救常识对伤者进行初期救治;发生肢体被卡在设备内,不可采用倒转设备的方法取出肢体,应拆除设备部件取出被卡部位;如设备无法拆除,向专业人员进行求助;根据情况及时拨打"120"急救电话,同时向小队汇报,等待并引导救援。

3. 冲砂施工中出现故障及处理方法

故障现象:

(1) 泵车发生故障。

（2）提升设备发生故障。

（3）冲砂施工中发现地层严重漏失。

处理方法：

（1）应上提管柱至原始砂面以上 9.5m，并反复活动。

（2）应保持正常循环。

（3）冲砂液不能返出地面时，应立即停止冲砂，将管柱提至原始砂面以上 9.5m，并反复活动。并采用有效的冲砂工艺进行作业。

4. 防喷盒泄漏处理方法

处理方法：

（1）司钻缓慢将防喷盒提起。

（2）井口工用锅炉蒸汽将防喷盒外壁刺干净。

（3）将防喷盒缓慢放置地面。

（4）拆开防喷盒，检查防喷盒内胶皮和上、下铜片是否损坏。

（5）用锅炉蒸汽将防喷盒内壁刺干净。

（6）更换损坏的胶皮或铜片。

（7）用管钳上紧防喷盒上下连接螺纹。

5. 抽汲遇卡处理方法

处理方法：

（1）下放抽汲钢丝绳至钢丝绳处于垂悬状态。

（2）在防喷盒顶部抽汲钢丝绳处用绳卡将准备好的短钢丝绳固定于抽汲钢丝绳之上。

（3）从绳卡上部 10～20cm 处剪断抽汲钢丝绳。

（4）缓慢卸开绳卡，让钢丝绳下落。

（5）拆掉井口防喷盒、抽汲三通及抽汲出口。

（6）上提管柱解封封隔器。

（7）起油管，每起一根油管，卸开螺纹后，一人缓慢拽抽露头钢丝绳，一人用剪断钳从根部将露出的钢丝绳剪断并取出，直至将落鱼遇卡油管起出。

（8）用锅炉蒸汽将起出油管刺干净。

（9）将刺干净油管重新下入至原管柱深度。

（10）坐封封隔器。

（11）更换新的抽汲工具及抽汲钢丝绳，打好绳帽。

（12）重新开始抽汲。

6. 钻磨作业异常情况应急处置的处理方法

故障现象：

（1）钻磨无进尺。

（2）泵压异常。

（3）连续油管卡阻。

（4）泵注设备超压。

处理方法：

（1）钻磨无进尺。在同一个桥塞位置钻磨时间超过 20min 无进尺，上提连续油管至悬重正常后再下放钻磨，反复尝试若仍无进尺则起出钻磨工具至井口。检查螺杆马达性能及磨鞋，经过现场讨论后确定下步方案。

（2）泵压异常。钻磨作业时若钻磨过程中出现憋泵，即循环压力迅速上升的情况，应立即停止泵注，然后再上提连续油管待泵压降至正常水平后开泵继续下放，进行钻磨作业。

（3）连续油管卡阻。出现连续油管被卡，无法正常上提的情况，应耐心解卡，并可开泵尝试解卡，在连续油管承受限制范围内进行解卡操作。若出现连续油管下放遇阻，保持泵注反复尝试下放通过，严格控制连续油管钻压，防止因钻压过高损坏油管及马达。泵车高压端出口处加装高压过滤器，防止杂质进入损坏螺杆。

（4）泵注设备超压。为了对泵压进行准确控制，防止损坏螺杆，泵注设备应依据测试压力设置超压保护，设置时一般以测试压力增加 5MPa 作为超压停泵值。

7. 洗井时油管头窜通故障及处理方法

处理方法：

（1）卸掉光杆密封器，提出光杆，卸松螺纹。

（2）下光杆至泵底，采用倒扣方法卸掉光杆，提出井口，拉至地面。

（3）拆下井口上半部与四通法兰连接螺丝和生产阀门与流程连接的卡箍。

（4）吊出井口上半部，将提升短节连紧在油管悬挂器上。

（5）将吊卡扣在提升短节上，挂好吊环，松开全部油管悬挂器顶丝。

（6）观察悬重，缓慢将油管悬挂器提出四通，在油管悬挂器下扣好吊卡。

（7）下放使油管悬挂器坐在吊卡上，解除上部吊卡负荷，检查油管悬挂器，如密封圈损坏，则更换新密封圈。如油管悬挂器坏，则更换新油管悬挂器。

（8）坐回油管悬挂器，装回井口上半部。

（9）提起光杆，下回井内，与井内抽油杆对扣。

（10）对扣后提出光杆，上紧连接螺纹，下回井内，连紧光杆密封器。继续进行洗井施工。

8. 固定式井架偏斜现象及处理方法

故障现象：

（1）油管下端向井口正前方偏离。

（2）油管下端向井口正后方偏离。

（3）油管下端向井口正左方偏离。

（4）油管下端向井口正右方偏离。

（5）油管下端向井口左前方偏离。

（6）油管下端向井口右前方偏离。

（7）油管下端向井口左后方偏离。

（8）油管下端向井口右后方偏离。

处理方法：

（1）井架倾斜度过大。先松井架前两道绷绳；再调紧井架后四道绷绳，确认油管对正井口中心，再适当调紧井架前两道绷绳。

（2）井架倾斜度过小，先松井架后四道绷绳，紧井架前两道绷绳，直到确认油管对正井口中心。

（3）先松井架左侧前绷绳，松井架左侧后绷绳，紧井架右侧前绷绳，紧井架右侧后绷绳，直到确认对正为止。

（4）先松井架右侧前绷绳，松井架右侧后绷绳，紧井架左侧前绷绳，紧井架左侧后绷绳，直到确认对正为止。

（5）先松井架左侧前绷绳，紧井架右侧后绷绳，直到确认对正为止。

（6）先松井架右侧前绷绳，紧井架左侧后绷绳，直到确认对正为止。

（7）先松井架左侧后绷绳，紧井架右侧前绷绳，直到确认对正为止。

（8）先松井架右侧后绷绳，紧井架左侧前绷绳，直到确认对正为止。

9. 套管四通顶丝、压帽处渗漏故障及处理方法

故障现象：

注水时套管四通上的顶丝、压帽处渗漏或刺漏。

处理方法：

（1）关闭生产闸门（水表下流闸门），停止注水。

（2）打开油管放空闸门，泄掉油管内的压力。

（3）用扳手卸下顶丝压帽，将密封圈全部取出。

（4）在新密封圈上涂上黄油，穿过顶丝装入密封盒内，压实。

（5）上紧顶丝压帽。

（6）关闭油管放空阀门，打开生产阀门，正常注水。

（7）观察顶丝、压帽处，无渗漏后，处理完毕。

柴油机常见故障

1. 柴油发电机组启动困难或不能启动的故障原因及处理方法

故障原因：

（1）发电机带载启动。

（2）错误启动方法。

（3）没有燃油。

（4）燃油系统内有水、脏物和空气。

（5）冬季气温低。

（6）润滑油黏稠。

（7）电瓶输出电压低。

（8）燃油滤清器阻塞。

（9）熄火电磁阀关闭。

处理方法：

（1）去掉载荷。

（2）按正确启动方法启动。

（3）检查供油系统，加注燃油。

（4）排放燃油、清洁燃油系统、添加燃油并从燃油管排除气体。

（5）使用预热辅助装置。

（6）使用正确黏度润滑油。

（7）排除接头松动，接触不良，补充或更换电解液，视情况更换电瓶。

（8）更换燃油滤清器。

（9）检查电磁阀。

2. 柴油发电机组频繁熄火的故障原因及处理方法

故障原因：

（1）水温过低。

（2）燃油滤清器阻塞。

（3）燃油系统内有水、脏物和空气。

（4）喷油器变脏。

处理方法：

（1）检查节温器。

（2）更换燃油滤清器。

（3）排放燃油、清洁燃油系统、添加燃油并从燃油管排除气体。

（4）清洗喷油器。

3. 柴油机动力不足的故障原因及处理方法

故障原因：

（1）过载。

（2）进气阻力过大。

（3）燃油滤清器阻塞。

（4）不正确的气门间隙。

（5）喷油器变脏。

处理方法：

（1）减少载荷。

（2）检查进气道，清洁更换空气滤清器。

（3）更换燃油滤清器。

（4）调整气门间隙。

（5）清洗喷油器。

4. 柴油机冒白烟的故障原因及处理方法

故障原因：

（1）燃油不正确。

（2）水温过低。

（3）喷油器油嘴有缺陷。

（4）柴油机正时不正确。

处理方法：

（1）更换正确的燃油。

（2）检查节温器。

（3）检查更换喷油器油嘴。

（4）调整正时。

5. 柴油机冒黑烟的故障原因及处理方法

故障原因：

（1）燃油不正确。

（2）空气滤清器阻塞。

（3）发电机过载。

（4）喷油器变脏。

（5）柴油机正时不正确。

处理方法：

（1）更换正确的燃油。

（2）检查进气道，清洁更换空气滤清器。

（3）减少载荷。

（4）清洗喷油器。

（5）调整正时。

6. 柴油机发动机敲缸冒黑烟的故障原因及处理方法

故障原因：

（1）机油位太低。

（2）燃油泵正时不对。

（3）水温过低。

（4）发动机过热。

（5）活塞与缸套间隙过大。

处理方法：

（1）向机油池内添加机油。

（2）调整燃油泵正时。

（3）卸下并检查节温器。

（4）按"发动机过热"故障方法排除。

（5）发动机修理。

7. 柴油发电机组发动机过热的故障原因及处理方法

故障原因：

（1）发动机过载。

（2）冷却液位过低。

（3）散热器盖有缺陷。

（4）皮带或皮带紧张器有缺陷。

（5）发动机油位太低。

（6）冷却系统需要清洗。

（7）机房通风散热不良。

处理方法：

（1）减少负载。

（2）向散热器添加冷却液到合适水位，检查散热器和管路是否有泄漏。

（3）检查散热器盖，如有缺陷应更换。

（4）检查自动皮带和皮带紧张器，如有问题应更换。

（5）检查机油位；如需要，添加机油。

（6）清洗冷却系统。

（7）加强环境通风。

8. 柴油发电机组机油消耗量过大的故障原因及处理方法

故障原因：

（1）机油太清。

（2）漏油。

（3）曲轴箱通气管受阻。

（4）增压器有缺陷。

处理方法：

（1）使用正确黏度的机油。

（2）检查衬垫和堵头有无泄漏。

（3）清洁曲轴箱通气管。

（4）维修增压器。

9. 柴油发电机组油底下排气的故障原因及处理方法

故障原因：

（1）活塞缸壁间隙大。

（2）拉缸。

（3）活塞环断裂。

（4）活塞环对口。

处理方法：

（1）大修。

（2）更换缸套。

（3）更换活塞环。

（4）检查调整。

10. 柴油发电机组油底有水的故障原因及处理方法

故障原因：

（1）缸套水封损坏。

（2）机油冷却器损坏。

（3）机体、缸盖有沙眼。

处理方法：

（1）更换水封。

（2）更换、修复机油冷却器。

（3）更换机体、缸盖。

11. 柴油发电机组排气管、进气道内有机油的故障原因及处理方法

故障原因：

空气增压器损坏。

处理方法：

更换增压器。

12. 柴油发电机组燃油消耗高的故障原因及处理方法

故障原因：

（1）不正确的燃油。

（2）空滤器堵塞或变脏。

（3）发动机过载。

（4）不正确的气门间隙。

（5）增压器有缺陷。

（6）喷油器油嘴变脏。

（7）发动机温度过低。

处理方法：

（1）使用正确牌号的燃油。

（2）维护或更换空滤器。

（3）减少负载。

（4）调整气门间隙。

（5）维修增压器。

（6）维修喷油器油嘴。

（7）检查节温器。

13. 柴油发电机组发电机不发电或电压不正常的故障原因及处理方法

故障原因：

（1）熔断丝断。

（2）电表损坏。

（3）电表不准。

（4）调压器插脚接触不良。

（5）二极管损坏。

（6）失去剩磁。

（7）接线错误。

（8）励磁电路断路、短路或接触不良。

（9）发电机电枢断路、短路或接触不良。

（10）转速不正常。

（11）调节器保护开关关断电路动作。

（12）调节器失效。

处理方法：

（1）在确认线路正常后，换上熔断丝再合闸。

（2）用万用电表电压挡测量发电机端电压。

（3）校验电压表，不准的应予更换。

（4）检查调压器插脚。

（5）检测二极管。

（6）用蓄电池充磁。

（7）详细检查，按接线图对接。

（8）检查励磁电路。

（9）检查发电机电枢电路。

（10）检查转速。

（11）检查调节器保护开关。

（12）更换调节器。

14. 柴油发电机组发电机过热的故障原因及处理方法

故障原因：

（1）过载。

（2）交流发电机电枢线圈短路。

（3）通风道阻塞。

（4）励磁机电枢线圈短路。

处理方法：

（1）应随时注意电流表，勿使发动机过载。

（2）更换交流发电机短路的电枢线圈。

（3）将发电机内部彻底吹干净。

（4）更换励磁机短路的电枢线圈。

修井机常见故障

1. 修井机液路系统无压力或压力过低的故障原因及处理方法

故障原因：

（1）油泵未挂合。

（2）油泵损坏或内漏严重。

（3）溢流阀卡死处于常开。

（4）油位太低。

处理方法：

（1）检查并挂合油泵。

（2）更换或检修油泵。

（3）检修或更换溢流阀。

（4）添加液压油。

2. 修井机液压执行元件不动作的故障原因及处理方法

故障原因：

（1）无压力。

（2）系统压力过低。

（3）控制阀内泄漏。

（4）执行机构卡阻。

（5）胶管断裂。

（6）油位太低。

（7）液压系统有空气。

处理方法：

（1）检查并挂合油泵。

（2）更换或检修油泵。

（3）检查更换控制阀。

（4）检修相应的执行机构。

（5）更换胶管。

（6）加注液压油。

（7）液压系统空循环排气。

3. 修井机气路系统无压力或压力低的故障原因及处理方法

故障原因：

（1）空压机工作不正常。

（2）调压阀失灵。

（3）管线破裂。

（4）系统压力低。

处理方法：

（1）检修或更换空压机。

（2）检修或更换调压阀。

（3）更换管线。

（4）调整调压阀。

4. 修井机气路系统执行机构不工作的故障原因及处理方法

故障原因：

（1）压力表指针指示不正常。

（2）系统无压力或压力低。

（3）气控阀损坏。

（4）管线、气囊破裂。

处理方法：

（1）更换压力表。

（2）检修或更换调压阀。

（3）检修或更换相应气控阀。

（4）更换管线、气囊。

5. 修井机角传动箱无动力输出的故障原因及处理方法

故障原因：

齿轮卡阻或损坏。

处理方法：

检修或更换齿轮。

6. 修井机角传动箱异常发响的故障原因及处理方法

故障原因：

（1）齿轮间隙大。

（2）轴承损坏。

处理方法：

（1）调整齿轮间隙。

（2）更换轴承。

7. 修井机差速箱无动力输出的故障原因及处理方法

故障原因：

（1）摘挂装置失灵。

（2）齿轮卡阻或损坏。

处理方法：

（1）检修摘挂装置。

（2）检修或更换齿轮。

8. 修井机差速箱异常发响的故障原因及处理方法

故障原因：

（1）齿轮间隙大。

（2）轴承损坏。

处理方法：

（1）调整齿轮间隙。

（2）更换轴承。

9. 修井机滚筒不转动的故障原因及处理方法

故障原因：

（1）链条断。

（2）刹车未松开。

（3）气压不足。

（4）气囊破裂。

（5）压板损坏。

（6）中间齿盘间隙太大。

（7）摩擦片表面有油污。

（8）摩擦片磨损严重。

处理方法：

（1）更换链条。

（2）松开刹把、刹车弹簧回位。

（3）调整气压。

（4）更换气囊。

（5）更换压板。

（6）重新按要求调整中间齿盘间隙。

（7）清理油污并涂松香粉。

（8）更换摩擦片。

10. 修井机转盘传动箱无动力输出的故障原因及处理方法

故障原因：

（1）齿轮卡阻或损坏。

（2）离合器损坏。

处理方法：

（1）检修或更换齿轮。

（2）更换离合器。

11. 修井机转盘传动箱异常发响的故障原因及处理方法

故障原因：

（1）齿轮间隙大。

（2）轴承损坏。

处理方法：

（1）调整齿轮间隙。

（2）更换轴承。

12. 修井机转盘传动箱传递扭矩不足的故障原因及处理方法

故障原因：

（1）气压不够。

（2）气囊损坏。

（3）压板损坏。

（4）离合器间隙大。

（5）摩擦片表面有油污。

（6）摩擦片损坏严重。

处理方法：

（1）调整气压。

（2）更换气囊。

（3）更换压板。

（4）重新调整离合器间隙。

（5）清理油污并涂松香。

（6）更换摩擦片。

13. 修井机刹车失灵的故障原因及处理方法

故障原因：

（1）刹带与刹车毂间隙过大。

（2）刹车活端调整不好。

（3）刹车块磨损严重。

处理方法：

（1）调整刹带与刹车毂间隙。

（2）调整刹车活端。

（3）更换刹车块。

14. 修井机大钩下放困难的故障原因及处理方法

故障原因：

（1）刹带与刹车毂间隙太小。

（2）游动系统卡阻。

处理方法：

（1）调整刹带与刹车毂间隙3～5mm。

（2）检查排除卡阻现象。

15. 修井机照明系统工作不正常的故障原因及处理方法

故障原因：

（1）防爆开关未打开。

（2）防爆插销未插牢。

（3）灯泡损坏。

（4）照明电路断路。

处理方法：

（1）打开防爆开关。

（2）插牢防爆插销。

（3）更换灯泡。

（4）更换电缆或电线。

卡钻常见故障

1. 原油结蜡造成螺杆泵驱动自动停机故障处理方法

处理方法：

（1）用泵车从套管向井内泵热水。

（2）启动电动机，螺杆泵边排液边用热水循环。

2. 卡阻造成螺杆泵驱动自动停机故障处理方法

处理方法：

（1）用吊车上提光杆，拆除驱动电机。

（2）上提抽油杆进行解卡。

（3）起出井内全部抽油杆和转子。

（4）泵车套管加压，用热水大排量反洗井。

（5）重新下入转子和抽油杆。

（6）调防冲距、安装驱动电机后排液求产。

3. 解除砂卡的处理方法

故障现象：

在生产过程中，地层砂随油流进入井内，随着流速的变化，部分砂子逐渐沉淀，从而埋住部分生产管柱，造成卡钻。

处理方法：

（1）活动管柱解卡：对砂桥卡钻或卡钻不严重的井可上提下放反复活动钻具，使砂子受震动疏松下落解除卡钻；砂卡较严重的井可在井内管柱及设备能力允许范围内，大力上提悬吊一段时间，再迅速下放，反复活动解除砂卡。

（2）憋压循环解卡：发现砂卡立即开泵洗井，若能洗通则砂卡解除，如洗不通可采取边憋压边活动管柱的方法。憋压压力应从小到大，憋一定压力后突然快速放压同时活动管柱效果会更好。

（3）连续油管冲洗解卡：选择小于被卡管柱内径的连续油管，将其下入被卡管柱内，下到砂面附近后开泵循环冲洗出被卡钻柱内的砂子，深度超过被卡管柱深度后，继续冲洗被卡管柱外的砂子逐步解除砂卡。

（4）诱喷法解卡：地层压力较高的井发生砂卡可采取此种方法，用诱喷的方法使井能够自喷。通过放喷使砂子随油气流喷出井外，从而达到解卡的目的。

（5）套铣解卡：采用套铣筒等硬性工具对被卡落鱼进行套铣，将卡点周围的致卡物套铣干净，达到解卡目的。

4. 黏吸卡钻的故障原因及处理方法

故障原因：

井壁上有滤饼的存在是造成黏吸卡钻的内在故障原因，这是因为滤饼的形成有三种原因：第一是吸附，钻井液中的固相颗粒吸附在岩石表面，无论砂岩、泥岩都有这种特性。第二是沉积，钻井液在流动过程中，靠近井壁的流速几乎等于零，钻井液中的固相颗粒便沉积在井壁上。泥页岩井段的井径要比砂岩井段的井径大得多，沉积作用更为显著，所以泥页岩井段容易形成厚滤饼。第三是滤失作用，它加速了钻井液中固相颗粒在渗透性岩层表面的沉积。

处理方法：

黏吸卡钻随着时间的延长而日趋严重，所以在发现黏吸卡钻的最初阶段，就应在设备（特别是井架和悬吊系统）和钻柱的安全负荷以内尽最大的力量进行活动，上提不超过薄弱环节的安全负荷极限，下压不受限制，可以把全部钻柱的重量压上，也可以进行适当的转动。用这种办法解除黏卡事故的事例很多。在这里很重要的一点就是让现场工作人员有在安全限度内以最大力量进行活动的权利，如果限制过死，层层上报，待上级人员到达现场时，已经失去了活动解卡的可能。此时应在适当的范围内活动未卡钻柱，上提拉力不要超过自由钻柱悬重100～200kN，下压力量根据井深及最内一层套管的下深而定，可以把自由钻柱重量的二分之一甚至全部压上去，使裸眼内钻柱弯曲，减少与井壁的接触点，防止卡点上移。但必须注意，钻柱只能在受压的状态下静止，不许在受拉的状态下静止。

5. 蜡卡的故障原因及处理方法

故障原因：

原油中含蜡量过高，随着原油从井底向井口流动，井筒温度逐渐降低，当温度低于蜡的凝析点时，蜡质物质便开始沉积在管壁上，如采取套管生产，清蜡工作不及时，便可造成卡钻。

处理方法：

（1）活动解卡：在井内管柱及设备能力允许范围内，通过上提下放反复活动管柱，以达到解卡目的。活动解卡适用于各种管柱或落物卡钻。

（2）震击解卡：将震击器、加速器等与打捞工具一起下井，当捞上并抓紧落物后，根据井况，通过操作，对被卡管柱进行连续上击或下击，将卡点震松以达到解卡目的。震击解卡适用于落物被砂卡、化学堵剂卡、物件卡及套管损坏卡等。

（3）倒扣解卡：在井内被卡管柱较长、活动解卡无法解卡时可采用反扣打捞工具，将被卡管柱捞获分别倒出，以分解卡点力量，达到解卡目的。倒扣解卡适用于活动解卡和震击解卡无效时的各种类型卡钻。

（4）套铣解卡：采用合适的套铣工具，将卡点周围的致卡物套铣干净，达到解卡目的。套铣解卡适用于砂、水泥、封隔器及小件落物卡等。

（5）浸泡解卡，对卡点注入相溶的解卡剂，通过浸泡一定时间，将卡点溶解，以达到解卡目的，浸泡解卡适用于蜡卡、滤饼卡、水泥卡等。

（6）磨蚀解卡：利用磨铣工具，对卡点进行磨铣，以达到解除卡钻的目的。磨蚀解卡适用于打捞物内外打捞工具无法进入及其他工艺无法解卡时使用。

（7）爆炸解卡：用电缆将一定数量的导爆索下至卡点处，引爆后利用爆炸震动，可使卡点钻具松动解卡，爆炸解卡适用于卡点较深的管柱卡。

6. 套管卡的故障原因及处理方法

故障原因：

（1）对井下情况掌握不准，误将工具下过套管破损处，造成卡钻。

（2）在进行井下作业等施工过程中将套管损坏，使井下工具起不出来。

（3）构造运动、泥页岩蠕变、井壁坍塌等因素造成套管损坏，致使井下工具起不出来。

（4）对规章制度执行不严、技术措施不当，均会造成套管损坏而卡钻，如注水井排液降压时，由于放压过猛会使套管错断。通井时通井规直径不符合标准，选用工具不当等均会造成卡钻。

处理方法：

首先是将卡点以上管柱起出，可采取倒扣、下割刀切割或爆炸切割。然后探视、分析套管损坏的类型和程度，可以通过打铅印、测井径、电视测井等方法来完成，根据探视结果制订合适的方案处理套管变形点，形成正常通道，将井下管柱全部捞出。一般变形不严重的井，可采取机械整形或爆炸整形的方法将套管修复好达到解卡目的。如变形严重，以上方法不能使用，可下铣锥或高效领眼磨鞋，进行磨铣打通道解卡。

7. 水泥固结卡钻的故障原因及处理方法

故障原因：

（1）打完水泥塞后，没有及时反洗井或上提管柱，水泥固封将井下管柱卡住。

（2）憋压挤水泥时，没有检查上部套管的破损，使水泥浆上行至套管破损位置而"短路"，将上部管柱固封在井里造成卡钻。

（3）挤水泥时间过长或添加剂用量不准，使水泥浆在施工中凝固。

（4）井下温度过高，对水泥浆又未加处理，或井下遇到高压盐水层，使水泥浆性能变坏，以至早期固结。

（5）计算错误或挤注水泥时发生设备故障造成管柱或封隔器固封在井中。

（6）在注水泥后，未等井内水泥凝固，盲目探水泥面，误认为注水泥失败，此时既不上提管柱，又不洗井，造成卡钻。

（7）挤注水泥候凝过程中，由于井口渗漏，使水泥浆上返，造成井下管柱固封。

处理方法：

对于卡钻不死能开泵循环的井，可把浓度 15％ 的盐酸替到水泥卡的井段，靠盐酸破坏水泥环而解卡。如循环不通，可将水泥面以上管柱全部倒出，再下套铣筒，分段套铣分段倒扣打捞，直至将被卡管柱全部捞出。如套管内径较小，固死管柱外无套铣空间，可用平底磨鞋或锅底磨鞋将被卡的管柱及水泥环一起磨掉。

8. 封隔器失效卡钻故障原因及处理方法

故障原因：

由于分采分注或套管试压等工作需要，往往需下封隔器配合完成。一旦解封失效，就可造成卡钻。常见的如封隔器胶皮老化而不能收回，卡瓦片不能有效回收等均会造成卡钻。

处理方法：

卡钻的处理方法较多，应根据卡钻的类型及故障原因、卡点深度等综合考虑并分析研究选择不同的解卡方式，解除卡钻。

（1）活动解卡。在井内管柱及设备能力允许范围内，通过上提下放反复活动管柱，以达到解卡目的。活动解卡适用于各种管柱或落物卡钻。

（2）震击解卡。将震击器、加速器等与打捞工具一起下井，当捞上并抓紧落物后，根据井况，通过操作，对被卡管柱进行连续上击或下击，将卡点震松以达到解卡目的。震击解卡适用于落物被砂卡、化学堵剂卡、物件卡及套管损坏卡等。

（3）倒扣解卡。在井内被卡管柱较长、活动解卡无法解卡时可采用反扣打捞工具，将被卡管柱捞获分别倒出，以分解卡点力量，达到解卡目的。倒扣解卡适用于活动解卡和震击解卡无效时的各种类型卡钻。

（4）套铣解卡。采用合适的套铣工具，将卡点周围的致卡物套铣干净，达到解卡目的。套铣解卡适用于砂、水泥、封隔器及小件落物卡等。

（5）浸泡解卡。对卡点注入相溶的解卡剂，通过浸泡一定时间，将卡点溶解，以达到解卡目的。浸泡解卡适用于蜡卡、滤饼卡、水泥卡等。

（6）磨蚀解卡。利用磨铣工具，对卡点进行磨铣，以达到解除卡钻的目的。磨蚀解卡适用于打捞物内外打捞工具无法进入及其他工艺无法解卡时使用。

（7）爆炸解卡。用电缆将一定数量的导爆索下至卡点处，引爆后利用爆炸震动，可使卡点钻具松动解卡，爆炸解卡适用于卡点较深的管柱卡。

以上几种方式，单一的解卡方式不一定能达到目的，根据井况，可将两种或几种方式交替使用，最终达到安全解除卡钻的目的。

压裂、酸化施工常见故障

1. 压裂施工时压力随注入量的增加急速上升，并且很快达到施工压力上限故障及处理方法

处理方法：

当工作压力达到设计规定的最高承压而不能压开层位时，应采取反复憋放法，使地层形成裂缝，但憋放次数不能超过 5 次。采取反复憋放法仍出现压不开现象时，应进行如下工作后，方可进行下步施工。

（1）检查油管记录，落实压裂管柱卡点深度。

（2）起出压裂管柱，核实压裂管柱深度，检查压裂管柱是否有堵塞，检查油管和下井工

具是否正常工作。

2. 压裂施工时在排量不变的情况下，泵压突然大幅下降，套压升高，裂缝延伸过程中窜槽处理方法

处理方法：

（1）进行循环，替净井内的砂子，以防砂卡。

（2）检查油管记录，落实压裂管柱卡点深度。

（3）验证封隔器工作情况。

（4）起出压裂管柱，核实压裂管柱深度，检查油管和下井工具是否正常工作。

3. 压裂施工时砂堵处理方法

处理方法：

（1）进行循环，替净井内的砂子，以防砂卡。

（2）检查油管记录，落实压裂管柱卡点深度。

（3）起出压裂管柱，核实压裂管柱深度，检查油管和下井工具是否正常工作。

4. 压裂施工时管柱断脱处理方法

处理方法：

（1）进行循环，替净井内的砂子，以防砂卡。

（2）检查油管记录，落实压裂管柱卡点深度。

（3）起出压裂管柱，核实压裂管柱深度，检查油管和下井工具是否正常工作。

5. 酸化施工时酸液挤不进地层故障及处理方法

故障现象：

主要表现为压力随注入量的增加急速上升，并且很快达到施工压力上限。

处理方法：

当工作压力达到设计规定的最高承压而不能酸化时，应采取反复憋放法，但憋放次数不能超过 5 次。采取反复憋放法仍出现不能酸化现象时，应进行如下工作后，方可进行下步施工。

（1）检查油管记录，落实酸化管柱卡点深度。

（2）起出酸化管柱，核实酸化管柱深度，检查酸化管柱是否有堵塞，检查油管和下井工具是否正常工作。

6. 酸化施工时投暂堵剂后不能正常施工故障及处理方法

故障现象：

在投暂堵剂的过程中，无法按作业指导书正常施工时，采取洗井的方式来预防堵剂的凝固。

处理方法：

（1）进行循环，替净井内的暂堵剂，以防堵剂的凝固。

（2）检查油管记录，落实管柱卡点深度。

（3）验证封隔器工作情况。

（4）起出酸化管柱，核实酸化管柱深度，检查油管和下井工具是否正常工作。

连续油管常见故障

1. 注入头下部连续油管弯曲或折断的故障原因及处理方法

故障原因：

在注入头中，连续油管被左右链条上的卡瓦夹紧，液压马达驱动链条转动，从而带动连续油管进行上、下运动。如果连续油管向下运动时下部遇阻，而其向下运动的力超过其本身的弯曲强度，就会发生弯曲或折断现象。

处理方法：

（1）施工作业时，必须了解清楚井下管柱结构，在变径和有台阶处控制下放速度，遇阻后上提，再慢慢试下放，不能加压强行下放，以防止无支撑长度下连续油管的弯曲。

（2）操作人员必须集中注意力，观察指重表的变化情况，发现悬重下降或变化，及时停止作业，并分析管柱结构，加压应小于无支撑长度下连续油管弯曲载荷的50%。

2. 注入头打滑的故障原因及处理方法

故障原因：

连续油管下到一定深度后，进行起出作业时不能起出，同时注入头发出间断的声响并抖动，连续油管表面有磨痕。

处理方法：

（1）注入头卡瓦内径变大或内表面光滑，对连续油管的夹持力变小，起、下作业时就会造成连续油管下滑。具体解决方法：利用游标卡尺测量卡瓦内径，记录每一个卡瓦的内径尺寸，更换尺寸超标的卡瓦；对内表面光滑的卡瓦应回厂进行喷涂处理。

（2）连续油管部分变形。用测量仪测量连续油管外径，如果经计算，连续油管椭圆度大于2%，则连续油管就可能打滑，不能进行正常作业。这时应将变形部分切除，再将未变形部分焊在一起。

（3）夹紧液缸和张紧液缸工作不正常，应采取以下措施：检查夹紧液缸氮气储能器内的氮气压力是否充足，如压力不足，应充氮气；从操作室单独给上部夹紧液缸加压，关闭压力阀，试压1h，观察操作室内的压力表和注入头上的压力表显示值是否一样，如果两者压差大于0.34MPa，则再检查是哪一部分液压线路泄漏。同样方法检查中部、下部的夹紧液缸。

（4）液压马达或平衡阀发生泄漏，这时应采取以下措施：注入头做拉力试验。用一段连续油管，下端焊接拉力测试盘，进行拉力试验，按照注入头提供的说明书进行夹紧压力和张紧压力调节，并记录一定夹紧压力下的最大拉力。观察液压马达的回油压力表，如果有压力显示，说明液压马达有泄漏。平衡阀的试压。打开注入头的一根主进油管线和平衡阀的控制管线，将平衡阀全部打开，控制注入头方向到下油管位，将注入头马达压力加至21MPa，观察打开的液压管线，如果有油泄漏，则更换平衡阀。用同样的方法检查另一个平衡阀。

3. 注入头发生异响的故障原因及处理方法

故障现象：

连续油管表面有圆形磨痕。

处理方法：

（1）鹅颈管下部导向中心线、卡瓦中心线不在同一条线上，需调整鹅颈管下部的调整螺栓。

（2）观察注入头中间部分 2 个相对应的卡瓦，如果上下面不在同一水平线上，则是 2 条链条的长度不一样，运转时不同步，发出异响并产生磨痕，此时应同时更换 2 条链条，不能相互搭配。

4. 在起、下连续油管时，连续油管从滚筒和注入头之间折断，造成滚筒上连续油管混乱或报废故障原因及处理方法

故障原因：

因连续油管滚筒马达方向始终是起油管位置，正常工作时，注入头不断地起出连续油管，起出的连续油管在滚筒马达的作用下，绕到滚筒上。如果连续油管在注入头和滚筒中间断开，连续油管不受注入头拉力作用，滚筒马达就会不停地回绕连续油管，最后发生失控，造成连续油管报废。

处理方法：

（1）经常检查连续油管，特别是连续油管的前端部分，因反复弯曲，很易折断，所以前端的连续油管在使用 3 次后，应将最前面的 3～5m 切除。

（2）在连续油管起、下作业过程中，做好巡回检查工作，发现连续油管有刺漏时，及时停机，在计数器最前端用卡子固定，防止连续油管折断后发生失控。

（3）如果发生失控，应及时使用紧急停机装置，使液压系统不工作，防止滚筒继续绕连续油管；停机后，及时用卡子固定好连续油管，然后再解决折断后的连续油管。

5. 下连续油管作业时，滚筒转动速度不断加快，不能控制的故障原因及处理方法

故障原因：

造成该事故的主要原因是下连续油管作业时速度太快，3 个夹紧压力没有随着连续油管的下深载荷加大而快速升高，造成入井的连续油管拉着滚筒不断加速。

处理方法：

出现该情况后，必须及时调节紧急夹紧压力，快速加大 3 个夹紧液缸压力，增大卡瓦的摩擦力，同时减小注入头马达压力，减慢下入速度。如果最后油管不能控制，就快速关掉防喷器的卡瓦，同时减小注入头马达压力。特别注意不能用滚筒刹车控制，否则会造成滚筒液压马达损坏。

6. 下连续油管作业时，滚筒上的排管器自动排管时不同步或不工作的故障原因及处理方法

故障原因：

（1）传动链条松紧度不合适，造成两者工作不同步。

（2）导向块磨损严重，造成两者工作不同步。

（3）手动强制排管操作太多，导向块磨损快。

处理方法：

（1）应调整张紧链轮。

（2）及时检查并更换导向块。

（3）正常运行时不用手动操作，只有运转到滚筒边上时才用。

7. 在连续油管作业中，出现连续油管失速顶出井筒的情况时的处理方法

处理方法：

（1）组织所有人远离井口并通知作业监督。

（2）加大注入头链条夹紧力以加大油管的摩擦力。

（3）关闭防喷器半封、加大防喷盒压力，以加大油管的摩擦力。

（4）增加工作滚筒工作压力，保持起出注入头的所有油管能够盘回到工作滚筒上面。

（5）当连续油管被顶出防喷盒时立刻关闭采油树主阀。

（6）如果无法阻止油管上窜，强行关闭防喷器油管卡瓦。

（7）维修损坏设备，按设计继续施工。

8. 连续油管在井筒中遇阻、遇卡情况时的处理方法

处理方法：

（1）带班干部通知作业监督。

（2）作业监督及连续油管带班干部分析遇阻、遇卡故障原因并确定解决方案。

（3）保持油管内液体循环。

（4）上提油管拉力保持油管拉伸强度的 80%，并保持 10min，仔细观察油管拉伸，观察油管悬重变化情况，记录油管被拉伸的长度，然后通过计算找出油管被卡点。

（5）计算卡点位置。

（6）最大排量循环洗井，清除井筒内在连续油管周围的任何渣滓，确保井筒内干净。

（7）用氮气将油管内的液体顶替掉，增加油管的浮力。

（8）通过油管向井筒内注入酸液，浸泡并清洗包围井下工具的各种碳酸类结垢物。

（9）从环空打压，使井下工具处于活动状态，便于解卡。

（10）投球打压打开井下工具循环孔，大排量循环，上提连续油管但不要超过油管拉伸强度的 80%。

（11）投球打压释放井下工具，起出连续油管，计划下一步打捞井下工具。

（12）如果油管不能解卡，将油管悬挂在井口，同时关闭防喷器的油管卡瓦和油管密封。

（13）如果油管不能解卡，从卡点处切断油管，然后计划下一步打捞作业。

9. 施工过程中泵注设备故障的处理方法

处理方法：

（1）立即停泵，活动井内管柱；倒进口管线，更换泵注设备。

（2）备用泵注设备调试正常后继续施工。

（3）现场立即对出现问题的泵注设备进行检修。

（4）如果短时间内泵注设备无法修复，将井内工具串起钻至井口。

10. 在连续油管作业过程中连续油管动力源失效的处理方法

处理方法：

（1）带班干部通知作业监督。

（2）如果连续油管动力源失效，注入头刹车将自动啮合。立刻用紧急手泵打压保持注入头及防喷器的工作压力，关闭注入头刹车及滚筒刹车。关闭防喷器油管卡瓦，并锁死手动关闭手柄。

（3）关闭 BOP 油管密封并锁死手动关闭手柄。

（4）如果工作滚筒刹车装置失效，重新固定工作滚筒。

（5）保持连续油管内液体的循环防止油管被卡在井筒里面。

（6）尽快维修和更换动力源，确保防喷器储能器充满压力，并且正常工作。

11. 地面连续油管在注入头夹持块以上出现断裂的处理方法

处理方法：

（1）泵操作工立即停泵。

（2）主操作工关闭防喷器半封闸板，再关闭卡瓦闸板。

（3）观察井口态势和监测是否含 H_2S 气体，若喷势强或含 H_2S，报告施工指挥及现场应急小组，根据指令主操作手关闭防喷器剪切闸板，剪断连续油管后关闭防喷器全封闸板。

（4）在井口可控情况下，将井筒中连续油管继续起出井口。

（5）若有人员受伤，则现场人员立即对伤员进行紧急救护，防止伤情扩大、加重；如果情况严重，则立即就近送医疗机构寻求帮助。

12. 连续油管防喷盒密封胶芯失效的处理方法

处理方法：

（1）停泵、停止起下油管，关闭防喷器油管卡瓦和半封，隔离连续油管环空，并锁死防喷器手动操作手柄。

（2）释放防喷器油管半封以上部分压力。

（3）释放防喷盒液压控制压力并更换密封胶皮，加压压紧。

（4）通过防喷器平衡阀放压并松开防喷器卡瓦和半封手动锁紧装置。

（5）依次松开防喷器半封和油管卡瓦。

（6）继续按照设计施工。

13. 连续油管高压管线泄漏的处理方法

处理方法：

（1）立即上提连续油管。

（2）连续油管上提至井口处后停泵。

（3）泄压维修或更换高压管线。

（4）重新试压，合格后按设计继续施工。

14. 连续油管其他作业（冲洗、打捞、气举、诱喷、磨铣）过程中，发生高压管线泄漏情况的处理方法

处理方法：

（1）通知作业监督。

（2）停止泵入液体。

（3）停止连续油管起下。

（4）放压，对泄漏管线进行维修或更换。

（5）重新连接管线并试压，试压合格后继续按设计施工。

15. 连续油管作业工作滚筒旋转接头处泄漏的处理方法

处理方法：

（1）停止泵入、关闭工作滚筒和旋转接头之间的隔离阀。

（2）维修并更换旋转接头或者密封圈，并试压。

（3）打开隔离阀并恢复连续油管作业。

第四部分

集　　输

离心泵常见故障

1. 离心泵启泵前灌泵，灌不满吸入管的原因及处理方法

故障原因：

（1）由于离心泵的底阀（进口单流阀）长时间被液体浸泡会因为腐蚀性导致底阀损坏或由于输送液体含有杂质，底阀的活门遭到杂物堵塞从而导致底阀密封不严，使离心泵灌泵时灌入的液体从底阀处漏失严重，灌不满吸入管。

（2）离心泵进口吸入管管道接头处密封不严或因液体腐蚀性导致管道穿孔渗漏，导致离心泵灌泵时加不满吸入管。

（3）离心泵内有气体未排净，在灌泵时空气无法排出也是导致离心泵灌泵时灌不满吸入管的原因。

处理方法：

（1）将底阀拆卸下来维修或更换新的离心泵底阀。

（2）紧固吸入管密封处，修复吸入管穿孔漏水部分。

（3）离心泵灌泵时，应及时放净气体。

2. 多级离心泵转子窜量大的故障及处理方法

故障现象：

声音异常，严重者出现顶轴、磨盘现象。

故障原因：

（1）操作不当，运行工况远离泵的设计工况；急速调节泵运行工况，致使泵内部发生水力冲击，平衡装置起不到补偿轴向力作用，导致泵转子部分磨损而造成窜量过大。

（2）平衡（管）不通畅；平衡装置起不到补偿轴向力作用，导致泵转子部分磨损而造成窜量过大。

（3）平衡盘及平衡盘座材质不合要求，平衡装置材质不好，当发生汽蚀或输送介质中机械杂质的过流磨损加速，改变了平衡装置间隙，起不到补偿轴向力作用，导致泵转子部分磨损而造成窜量过大。

（4）离心泵各转子部件安装未紧固，机泵运行时轴承锁紧螺母松动造成泵转子部分窜量过大。

（5）离心泵各部件制造装配质量不合格，机泵运行时造成窜量过大。

处理方法：

（1）严格操作，使泵始终在设计工况附近运行；平稳操作，使泵参数变化缓慢平稳，尽量避免或减少水力冲击现象。

（2）检查、疏通平衡管，降低平衡压力，使平衡机构正常工作。

（3）更换材质符合要求的平衡盘及平衡环，重新调整平衡盘工作间隙。

（4）按要求安装紧固离心泵各转子部分，紧固轴承锁紧螺母。

（5）更换制造质量合格的转子部件。

3. 离心泵不能启动的故障及处理方法

故障现象：

启动离心泵后，离心泵不转或转不动。

故障原因：

（1）泵机组电路故障；启泵时电动机电路未接通或电压特低，造成离心泵启泵时无反应或电动机自启保护不能启动。

（2）机泵或电动机的转子部件与定子部件由于装配质量不合格而发生严重摩擦，或泵轴刚性太差，弯曲造成轴上的转子部件与定子严重摩擦；盘泵严重卡阻造成启泵后转不动而不能启泵。

（3）机泵或电动机的轴承损坏摩擦严重，造成启泵后轴承处干磨转不动。

（4）长期停运的泵机组，机泵的转子部件严重锈蚀，盘泵盘不动，造成启泵时卡死。

（5）泵机组的电动机与机泵偏心严重，导致机泵启动时偏磨严重转不动。

（6）机泵密封处密封填料加过多或压得太紧造成启泵时机泵转不动。

处理方法：

（1）检查电压三相平衡与供电联系、调整电压；检修电动机电路或排除电路故障。

（2）调整泵或电动机转子部件装配间隙或检修、更换泵轴等各不合格零部件消除摩擦。

（3）更换泵或电动机轴承，正确装配。

（4）解体维修并清理机泵各转子部件严重锈蚀部位。

（5）按要求调整合格泵机组同轴度。

（6）调整机泵密封填料压盖紧度适中。

4. 离心泵运行轴功率大（负荷大）的原因及处理方法

故障现象：

（1）泵机组运行时，电动机运行声音有"嗡嗡"发闷的声音；同等排量下，电流明显高于额定电流。

（2）泵机组运行时，电动机转数低于额定转数。

（3）泵机组运行时，电动机温升高于平时温升。

故障原因：

（1）机泵密封处密封填料加过多或压得太紧造成机泵运转时负荷大。

（2）机泵的转子部分（平衡盘与平衡环、叶轮与密封环）摩擦阻力大造成机泵运转时负荷大。

（3）机泵流量太大，严重超过额定排量。

（4）机泵输送介质黏度大、重度大，造成机泵运转时负荷大。

（5）泵机组的电动机与机泵不同心，震动大造成机泵运转时负荷大。

（6）机泵或电动机的轴承损坏；润滑油脏或润滑脂干涸造成机泵运转时干磨负荷大。

处理方法：

（1）调整机泵密封填料压盖松紧度，使填料漏失量每分钟不超过标准。

（2）更换密封环或调整叶轮止口与密封环配合间隙。

（3）关小机泵出口阀门，将流量平稳控制在最佳工况区内。

（4）降低机泵输送介质的重度或黏度，使之达到设计要求。

（5）测量和调整离心泵机组同心度，使之达到标准要求。

（6）检查、清洗或更换轴承，更换润滑脂，按标准要求加油处理。

5. 离心泵启泵后不吸水，出口压力表无读数，进口压力（真空）表负压较高的原因及处理方法

故障原因：

离心泵吸入管路故障包括以下几点。

（1）离心泵来水阀门未开或来水阀门闸板脱落导致吸入口管路堵塞造成启泵后不吸水，进口压力表负压高，出口压力表无读数。

（2）离心泵吸入管线或过滤器被杂质堵死；导致吸入口管路堵塞造成启泵后不吸水，进口压力表负压高，出口压力表无读数。

（3）离心泵输送介质凝结，导致离心泵吸入口堵塞造成启泵后不吸水，进口压力表负压高，出口压力表无读数。

处理方法：

（1）打开或检修离心泵进口阀门，排除进口阀门故障造成吸入口堵塞。

（2）检查、清洗离心泵吸入管线，清洗过滤器，保证进口管线处畅通。

（3）提高离心泵输送介质温度，防止离心泵输送介质凝结而造成的离心泵吸入口堵塞。

6. 离心泵启泵后不吸液，出口压力表和进口压力（真空）表的指针剧烈波动的原因及处理方法

故障原因：

（1）供液大罐液位低，泵吸入口供液不足使离心泵抽空造成离心泵启泵后不吸液，出口压力表和进口压力（真空）表的指针剧烈波动。

（2）正压给液流程时，启泵前离心泵内有气体未排净，导致离心泵启泵后不吸液，进、出口压力表指针剧烈波动。

（3）离心泵真空表接头漏气、填料松或轴套与轴配合处进气等原因导致吸水流程有空气进入，会出现离心泵启泵后不吸液，进、出口压力表指针剧烈波动的现象。

（4）负压给液灌泵未灌满，在灌泵时空气无法排出导致离心泵灌泵时灌不满吸入管或真空泵能力不足，导致离心泵启泵后不吸液，进、出口压力表指针剧烈波动。

处理方法：

（1）提高大罐的液位增大离心泵的供液量，避免泵吸入口供液不足、离心泵抽空。

（2）启泵前排净离心泵内气体，防止离心泵启泵后不吸液，进、出口压力表指针剧烈波动。

（3）排除吸入流程漏气故障，检查压力表接头密封，检查填料密封，检查各配合处密封状况，保证吸入流程各部分密封；防止机泵运行时吸水流程有空气进入而造成离心泵启泵后不吸液，进、出口压力表指针剧烈波动的现象。

（4）检修或更换真空泵或负压给液灌泵时要灌满进口管线以保证泵吸入能力防止离心泵

启泵后不吸液，进、出口压力表指针剧烈波动的现象。

7. 离心泵启泵后不上水，内部声音异常，振动大的原因及处理方法

故障原因：

（1）新装或大修后的离心泵，由于口环固定销钉未安装紧固，运转时发生口环脱落，造成叶轮与口环摩擦，容积损失大，不上水。

（2）由于轴键不规格或磨损，叶轮与轴键脱落，造成叶轮严重磨损间隙过大，叶轮不随轴动。

处理方法：

（1）解体机泵，检查修复或更换磨损的叶轮与口环。

（2）解体机泵，检查修复或更换磨损的叶轮与轴键。

8. 离心泵输不出液的故障及处理方法

故障现象：

离心泵出口汇管压力高；开大离心泵出口阀门汇管压力不降；流量计无流量值。

故障原因：

（1）离心泵出口单流阀、阀门、出口流程未倒通或堵塞。

（2）下游站流程未倒通。

处理方法：

（1）倒泵后能输出液，确定为离心泵单流阀或出口阀门原因。

（2）倒泵后输不出液，确定为出口流程或下游站流程未倒通或管线堵塞。

9. 离心泵流量不足原因及处理方法

故障现象：

流量计瞬时值未达到平时生产正常输量，伴随系统压力下降现象。

故障原因：

分析离心泵进口端：

（1）正压供水大罐液位低或因冬季运行，常压容器顶部呼吸阀冻凝，泵抽吸量大，短暂形成负压致使出水量降低。

（2）离心泵进口流程未全部倒通，罐出口阀门、泵进口阀门开度较小，造成离心泵供给来液较少。

（3）供液容器出口管线、离心泵进口管线、阀门长期使用结垢，油垢堵塞。

分析离心泵本体：

（1）叶轮堵塞或叶轮、导翼有损坏。

（2）叶轮止口与密封环、挡套与衬磨套磨损严重，间隙过大。

（3）泵的转数低。

分析离心泵出口端：

（1）外网压力高，水排不出去。

（2）流量计不准。

（3）电动机转数不够。

处理方法：

离心泵进口端处理方法：

（1）检查清理大罐和罐出口管线。

（2）检查进口流程是否全部倒通，开大罐出口阀门、泵进口阀门开度。

（3）清洗供液容器出口管线、离心泵进口管线、阀门油垢，清除堵塞物。

离心泵本体处理方法：

（1）检查清理或更换叶轮、导翼。

（2）大修更换口环、口环固定销钉，重新安装质量合格。

离心泵出口端处理方法：

（1）调整外网管线，降低回压。

（2）校对流量计达到标准。

（3）检查电动机变频转数慢的原因，调节变频增加转数，工频运转电动机停机检查供电电压、供电线路、绝缘等情况。

10. 离心泵排液后出现断流故障及处理方法

故障现象：

压力表示值、流量示值波动忽大忽小，离心泵噪声忽大忽小。

故障原因：

（1）吸入管路有少量气体吸入。

（2）启泵前放空不彻底，泵内有空气。

（3）吸入口突然被杂物堵住。

（4）供液容器液位低，大罐出口管线发生涡流。

处理方法：

（1）检查吸入侧管道连接处及填料函密封情况。

（2）要求重新灌泵。

（3）停泵处理杂物。

（4）提高大罐液位，平稳控制大罐出口液量。

11. 离心泵在运转中泵压突然下降的故障及处理方法

故障现象：

压力表示值突然低于正常示值；电动机电流表示值突然增大；电动机运转声音变化。

故障原因：

（1）压力表或引压阀门堵塞损坏，压力值显示不准确。

（2）关闭泵出口阀门，如果泵压正常，说明排出管线穿孔或断裂。

（3）关闭泵出口阀门，如果泵压不正常，说明过滤器堵塞、叶轮堵塞、大罐液面低等原因造成。

处理方法：

（1）更换压力表或控制阀，清通引压管。

（2）停泵、检查、处理外网管线。

（3）停泵检查过滤器、大罐液面，直至泵解体检查。

12. 离心泵轴承发热的故障及处理方法

故障现象：

轴承温升超规定值。

故障原因：

（1）泵轴发生弯曲。

（2）轴承磨损严重，滚动体或沙架损坏。

（3）轴与轴承或轴承支架与轴承配合不好。

（4）轴瓦与轴配合不好，接触面不够。

（5）润滑油过多，过少，或有杂质。

（6）油环带油不好。

（7）机组不同心。

（8）冷却效果不好。

处理方法：

（1）检查修理泵轴，调整配合间隙，压紧适度。

（2）维修或更换轴承。

（3）维修、更换泵轴或轴承支架。

（4）添加适量润滑油，保证油质洁净。

（5）检查轴瓦重新刮研或更换轴瓦。

（6）检查油环质量或加适量的油。

（7）重新对机组进行找正。

（8）调整冷却水量，处理不当之处。

13. 离心泵联轴器弹性垫圈严重磨损的故障及处理方法

故障现象：

离心泵运转时联轴器处有胶垫（圈）粉末散落现象，停泵可见联轴器胶垫（圈）磨损，严重时可见联轴器穿孔偏磨。

故障原因：

（1）电动机轴与泵轴线不同心。

（2）联轴器胶圈材质差老化磨损。

（3）联轴器损坏导致胶圈磨损。

处理方法：

（1）检测和调整离心泵机组同心度，使之达到标准要求。

（2）更换联轴器胶圈。

（3）检修更换联轴器。

14. 离心泵叶轮、导翼有局部严重损蚀的故障及处理方法

故障现象：

造成容积损失过大，流量低。

故障原因：

（1）各种原因产生汽蚀，导致部件严重损蚀。

（2）叶轮、导翼材质不好。

（3）频繁启停、调节参数不平稳，叶轮或导翼的叶片进口园角过大（过厚）或入口角不合适与水流冲击过大导致部件严重损蚀。

处理方法：

（1）改善上水条件，保证泵吸入口供水充足，减少汽蚀发生。

（2）改进叶轮、导翼材质，选用不锈钢。

（3）检查设计图纸与配件是否符合技术要求。

15. 离心泵过流部件寿命短的原因及处理方法

故障原因：

（1）各种原因产生汽蚀。

（2）输送介质温度高或有腐蚀性。

（3）零部件材质不好。

（4）装配工艺不合理，内部配合间隙不当。

处理方法：

（1）改善上水条件，保证泵入口供水充足，减少汽蚀发生。

（2）合理控制输送介质温度，加药处理水质。

（3）提高配件材质。

（4）改进装配工艺，合理调整各零部件之间的配合间隙。

16. 离心泵油环转动过慢，带油太少的原因及处理方法

故障原因：

（1）油环质量不够或材质过硬。

（2）油环不圆或泵轴不规则的磨损造成油环转动快慢不均。

（3）油环过于光滑。

（4）不水平或油环偏磨造成油环与瓦端面偏磨。

（5）由于润滑油的存在，油环和光滑的瓦壳产生吸附作用造成油环靠边。

处理方法：

（1）适当加重或采用铸铁和铜环。

（2）校正油环，修理泵轴。

（3）重新加工油环降低精造度或用锉刀打磨油环。

（4）校正泵体平度或更换油环。

（5）铲毛瓦壳边和油环的接触面。

17. 多级离心泵平衡盘磨损过快的故障及处理方法

故障现象：

电流过高、不稳。机械密封漏失。

故障原因：

（1）平衡管堵塞。平衡盘产生不了平衡力。

（2）平衡环间隙大或平衡鼓和平衡套及轴套磨损导致间隙过大，压力外泄，平衡压力差，不能产生有效平衡力。

（3）平衡盘与平衡盘形状公差大，制造质量差，启泵容易抱死。安装垂直度不好，间隙不均匀。

（4）泵输送介质质量差，介质内杂质太多造成平衡盘磨损。

（5）由于频繁启停，启停瞬间最容易发生平衡盘磨损。

处理方法：

（1）清理检查平衡管及孔道，保证畅通。

（2）调整平衡盘间隙，间隙过大时，切削平衡盘脖颈。

（3）更换平衡盘。

（4）更换平衡盘，校对调整平衡盘间隙。

（5）规范操作，平稳生产。

18. 离心泵泵体发热的原因及处理方法

故障原因：

（1）泵在流量极小或出口阀门关闭状态下运行。

（2）转子与定子发生严重摩擦。

（3）泵内没罐满水或泵抽空。

（4）填料太长，接头重叠起棱、偏磨。填料加得太多。压盖紧偏，造成压盖与轴套摩擦。

（5）输送介质温度高。

处理方法：

（1）开大出口阀门，使泵在最佳工况下运行。

（2）检查、调整泵转子与定子的配合间隙。

（3）停泵，放空罐满水。

（4）控制填料长度、数量，对称、均匀紧固好填料压盖螺栓。

（5）降低输送介质温度。

19. 离心泵平衡管、高压端泵头发烫，泵压下降的原因及处理方法

故障原因：

（1）离心泵平衡环与平衡盘干磨引起平衡管、高压端泵头发烫，泵压下降。

（2）离心泵高压端轴承损坏引起泵头温度上升，泵压下降。

（3）离心泵机组不同心，造成高压端密封及轴承偏磨，引起平衡管、高压端泵头发烫，泵压下降。

（4）填料密封过紧，允许漏失量过小引起泵头发烫。

处理方法：

（1）检查更换平衡盘、平衡环。

（2）检查更换轴承，定期保养。

（3）调整机泵同心度。

（4）调整密封填料松紧度，达到运行要求。

20. 离心泵汽化的故障及处理方法

故障现象：

泵出口压力表落零。电流最低、流量计无流量、泵体发热。

故障原因：

（1）泵内未灌水启泵抽空造成离心泵汽化。

（2）罐液位低启泵抽空造成离心泵汽化。

（3）排量过小或泵出口阀在关死状态造成泵体过热导致离心泵汽化。

（4）大罐液体温度过高产生气体抽入泵内造成离心泵汽化。

处理方法：

（1）停泵放空将泵内灌满水，重新启泵。

（2）停泵提高大罐液位，放空见液后重新启泵。

（3）适当打开出口阀门保证足够的排量。

（4）降低大罐液体温度，放净大罐内气体；降低输送液体温度，停泵放空见液后重新启泵。

21. 离心泵水击现象的故障及处理方法

故障现象：

震动大，声音异常，压力表波动。

故障原因：

（1）泵内产生汽蚀，由于汽泡在高压区突然破裂，汽泡周围的液体急剧向空间靠拢，产生水击。

（2）由于突然停电，高压液柱迅猛倒灌，冲击泵出口单流阀阀板，造成系统压力波动，出现泵内存在气体。

（3）操作不平稳，泵出口管路的阀门关闭过快产生冲击。

处理方法：

（1）改善泵的上水条件，减少或杜绝汽蚀发生。

（2）采取一定措施，减少系统压力波动；对泵的不合理排出系统的管路及管路附属的布置进行改造。

（3）平稳操作。

22. 离心泵联轴器损坏的原因及处理方法

故障原因：

（1）泵与电动机不同心。

（2）弹性块（弹性胶圈或胶垫）质量差、磨损或失效。

（3）轴承磨损，引起泵振动。

（4）联轴器与泵轴配合松动或泵窜量大导致联轴器端面间隙变化。

处理方法：

（1）测量和调整离心泵机组同心度，使之达到规定标准。

（2）更换质量好的弹性块（弹性胶圈或胶垫）。

（3）检查、调整或更换轴承。

（4）调整联轴器配合质量，固锁紧螺母、调整泵的工作窜量。

23. 离心泵产生振动和噪声的原因及处理方法

故障原因：

（1）泵内或吸入管内留有空气造成离心泵产生振动和噪声。

（2）泵内或管路内有杂物堵塞造成泵产生振动和噪声。

（3）离心泵运行时上水情况不好，发生汽蚀造成泵产生振动和噪声。

（4）在流量极小时，泵憋压运行造成离心泵产生振动和噪声。

（5）泵叶轮止口与密封环发生摩擦造成泵产生振动和噪声。

（6）泵轴承盒内油过少、太脏或泵轴承损坏造成泵产生振动和噪声。

（7）泵转子不平衡引起振动造成泵产生振动和噪声。

（8）泵轴与电动机轴不同心造成离心泵产生振动和噪声。

（9）基础不牢、基础或底脚螺栓松动、断裂造成离心泵产生振动和噪声。

（10）爪型联轴器内弹性块损坏、弹性联轴器胶圈损坏造成离心泵产生振动和噪声。

处理方法：

（1）停泵重新灌泵，排放空气见液后重新启泵。

（2）检查清除泵内或管路内的杂物。

（3）降低泵吸入标高，减少吸入管线阻力，提高大罐液面高度，降低输送介质的温度等。

（4）开大出口阀门使泵在最佳工况区内运行。

（5）检查和调整叶轮止口与密封环配合间隙。

（6）按规定添加润滑油（脂）或更换新润滑油（脂）；测量调整轴承间隙或更换轴承。

（7）进行转子小装和检查转子的径向跳动，做动、静平衡检测，调整到规定范围内。

（8）测量和调整离心泵机组同心度，使之达到标准规定。

（9）加固基础或重新更换基础。

（10）更换泵弹性块或胶皮圈。

24. 离心泵密封填料漏失严重或刺水的原因及处理方法

故障原因：

（1）泵轴弯曲或泵轴套胶圈与轴密封不好，高压水从轴套内径与轴之间刺出或雾状。

（2）泵轴套表面严重磨损，出现沟槽与填料密封不严产生漏失严重或刺水。

（3）密封填料质量差，规格不合适或加法不对，对接头搭接不吻合会造成漏失严重或刺水。

（4）密封填料加太紧或压盖压偏，长时间运行会造成漏失严重或刺水。

处理方法：

（1）检测更换泵轴；更换轴套"O"形密封胶圈或更换轴套。

（2）修复或更换轴套。

（3）重新选择填料，并按规定方法平整加装密封填料，密封切口错开 $90°\sim120°$。

（4）对称、均匀紧固压盖螺栓，直到松紧适合为止。

25. 离心泵密封填料过热冒烟的原因及处理方法

故障原因：

（1）密封填料硬度过大，没弹性。

（2）密封填料压盖压偏或压得太紧。

（3）冷却水管入口与水封环槽没对正或冷却水不通。

（4）密封填料长度过长，接头重叠起棱、偏磨。

处理方法：

（1）重新选择适合的密封填料。

（2）对称、均匀紧固压盖螺栓防止压偏，松紧适度。

（3）找好水封环槽位置，使冷却水通畅。

（4）检查填料长度、数量并按规定方法加装，对称、均匀紧固压盖螺栓，边紧边盘泵，直到松紧适度为止。

26. 离心泵机械密封发热冒烟泄漏液体的原因及处理方法

故障原因：

（1）轴弯曲摆动造成机械密封发热冒烟泄漏液体。

（2）端面宽度过大，端面比压太大造成机械密封发热冒烟泄漏液体。

（3）机械密封动静环选择不当；动环与静环环面加工精度低、粗糙造成机械密封发热冒烟泄漏液体。

（4）转动体与填料内径的间隙太小，致使轴振动并引起碰撞造成机械密封发热冒烟泄漏液体。

（5）冷却不良和润滑恶化会形成抽空或死油（水）区造成机械密封发热冒烟泄漏液体。

处理方法：

（1）校直或更换泵轴。

（2）减小端面宽度，降低弹簧压力，降低端面比压。

（3）依据输送介质性质、工作压力、温度及运转速度的大小，选择相应材质的动、静环；提高动、静环端面精确度。

（4）增加填料函内径，扩大间隙（不小于 $1mm$）或缩小转动件直径。

（5）加强冷却措施，疏通冷却管路，排除密封腔内的空气。

27. 离心泵机械密封端面漏失严重，漏失的液体夹带杂质的原因及处理方法

故障原因：

（1）机械密封动、静环摩擦端面歪斜，平直度不够。

（2）因弹簧装置发挥的作用不良，有杂质、固化介质黏结，使动环失去浮动性。

（3）固体颗粒进入机械密封动、静环的密封端面之间。

（4）由于弹簧力不足，造成比压小或端面磨损，使补偿作用消失。

(5) 机械密封摩擦使端面宽度太小。

（6）机械密封端面与轴不垂直，产生静环压偏、偏移；胶圈厚度不均匀。

（7）机械密封动、静环的浮动性差。

处理方法：

（1）重新安装并调整动、静环使其调正调平。

（2）改善弹簧装置结构，防止杂质堵塞密封元件，清除黏结密封元件的杂物。

（3）提高机械密封动、静环元件的硬度，改善密封结构。

（4）增加机械密封弹簧力、调整压缩量或更换动、静环。

（5）适当增加机械密封端面宽度，提高比压值。

（6）重新安装并调整机械密封端面与轴垂直度，更换胶圈。

（7）改善机械密封密封圈的弹性，适当增加动环、静环与轴的间隙或减小动、静环胶圈与轴套间的紧力。

28. 离心泵机械密封轴向泄漏严重的原因及处理方法

故障原因：

（1）密封圈与轴配合太松或太紧。

（2）密封材料太软、太硬或耐腐蚀、耐高温性能不好，会发生变形、老化、破裂黏结。

（3）安装时密封圈卷边，扭劲，压偏斜。

（4）轴套胶圈因损坏和压偏，致使轴与轴套之间泄漏。

处理方法：

（1）选择合适的密封圈或重新调整密封圈与轴的配合间隙，使其合适。

（2）更换密封圈材料、更换新件或改变密封结构。

（3）安装密封圈与轴过盈量选择要适当。

（4）换胶圈或加垫调正。

29. 离心泵机械密封有周期性泄漏的原因及处理方法

故障原因：

（1）由于泵转子轴向窜动，动环来不及补偿位移。

（2）操作不平稳，密封腔内压力变大。

（3）转子周期性振动引起漏油。

处理方法：

（1）组装泵时应控制好泵的轴窜量，平稳操作，控制好压力。

（2）严格执行操作规程，把密封腔压力控制好。

（3）查明原因，消除周期性振动。

30. 离心泵机械密封出现突然性漏失的原因及处理方法

故障原因：

（1）由于泵严重抽空，破坏机械密封的性能。

（2）弹簧被反转扭断，防转销子被切坏或顶住。

（3）动环、静环断裂或密封圈破损。

（4）固定螺栓松动，破坏机械密封的正常工作位置及状态，造成移动或偏斜。

处理方法：

（1）停泵放空，泵灌满水，重新启动机泵。

（2）修理或更换弹簧和防转销子。

（3）更换新的配件。

（4）测定正常的工作位置重新装正，固定牢靠，同时检查好密封圈。

31. 离心泵停泵后转子盘不动的原因及处理方法

故障原因：

（1）泵内结垢严重，间隙过小。

（2）运转时间长，配件有破碎卡死泵转子。

（3）操作不合理造成多级泵平衡盘黏结咬死。

处理方法：

（1）停泵解体，清除污垢重新调整配合间隙。

（2）检修内部配件或更换配件。

（3）检查平衡机构，进行处理。

32. 离心泵停泵后反向旋转的原因及处理方法

故障原因：

（1）泵出口单流阀不能自动关闭。

（2）违反操作规程，没关出口阀门。

（3）泵出口阀门有问题，没关严。

处理方法：

（1）检修单流阀。

（2）正确操作，关小出口阀门，按停泵按钮，关闭出口阀门。

（3）检修出口阀门。

33. 离心泵运行时电流突然下降的原因及处理方法

故障原因：

（1）电源电压下降或断相发生。

（2）供液突然减小或汽化。

（3）出口流程用水突然变小。

处理方法：

（1）停泵检查电源三相及接线情况。

（2）检查吸入流程畅通，供液充足，停泵放净吸入流程及泵内气体重新启泵。

（3）检查泵出口流程无堵塞畅通；倒流量计旁通流程，检查流量计准确，计量外输流量畅通。

34. 离心泵运行时电流突然上升的原因及处理方法

故障原因：

（1）电源电压突然上升，会出现电流突然上升现象。

（2）离心泵变频运行时，供液压力突增，变频自动调节的会自动增大转数调节应对排量增大液位上升的情况，会出现电流突然上升现象。

（3）离心泵工频运行时，出口流程用水突然变大，会出现电流突然上升现象。

处理方法：

（1）停泵检查电源三相及接线情况。

（2）变频泵检查吸入口供液大罐压力。

（3）检查出口流程无漏失泄压现象。

35. 离心泵轴承发热和轴承磨损的原因及处理方法

故障原因：

（1）在流量极小处运转产生振动。

（2）泵轴与原动机轴线不同心或轴弯曲度超过规定标准。

（3）泵转子不平衡引起振动。

（4）轴承盒内润滑油（脂）过多过少或太脏。

（5）轴承或密封环磨损过多形成转子偏心。

（6）轴承与轴配合不好或端面压偏。

（7）轴承磨损严重，弹子盘沙架损坏。

（8）油环带油不好。

处理方法：

（1）开出口阀门，使泵在最佳工况区内运行。

（2）测量和调整离心泵机组同心度，校直泵轴或使之均达到标准规定。

（3）检查、调整泵转子动或静平衡。

（4）按规定添加润滑油（脂）、更换新润滑油（脂）。

（5）检查、调整叶轮止口与密封环配合间隙，检修或更换轴承。

（6）调整轴承与轴的配合间隙，均匀紧固轴承压盖螺栓。

（7）更换新轴承。

（8）检查油环是否椭圆或加适量的油。

36. 离心泵启泵后压力正常，随后压力缓慢下降的原因及处理方法

故障原因：

（1）离心泵进口过滤器堵塞。

（2）离心泵输送介质温度过高。

（3）离心泵平衡管堵塞。

（4）放空不彻底，影响液体进入泵内。

处理方法：

（1）停泵清洗过滤器。

（2）控制输送介质温度。

（3）停泵拆下平衡管清理堵塞物。

（4）排尽泵内气体。

往复泵常见故障

1. 往复泵曲轴轴承温度过高的原因及处理方法

故障原因：

（1）曲轴轴承装配间隙过紧。

（2）轴承内进入污物。

（3）轴承润滑脂过多或过少。

（4）轴承出现疲劳破坏。

处理方法：

（1）停运往复泵，重新装配调整其轴承间隙。

（2）停运往复泵，清除轴承内污物。

（3）添加合适润滑脂。

（4）停运往复泵，更换轴承。

2. 往复泵动力端油池温度过高的原因及处理方法

故障原因：

（1）油质变坏。

（2）油量过多或过少。

处理方法：

（1）更换润滑油。

（2）增减油量。

3. 往复泵柱塞过度发热的原因及处理方法

故障原因：

（1）活塞密封太紧。

（2）润滑油不足或变质。

处理方法：

（1）调松柱塞压紧螺栓或活塞密封。

（2）添加足够润滑油或更换润滑油。

4. 往复泵的动力不足的原因及处理方法

故障现象：

电动机转数低、皮带打滑丢转。

故障原因：

（1）电源电压低。

（2）电动机故障，性能下降。

（3）传动皮带松弛。

处理方法：

（1）检查电源电压，倒电源。

（2）维修更换电动机。

（3）调节皮带松紧度，使皮带松紧适当。

5. 往复泵浮动套漏油的原因及处理方法

故障原因：

（1）密封件损坏。

（2）弹簧失灵。

处理方法：

（1）停运往复泵，更换密封件。

（2）停运往复泵，更换弹簧。

6. 往复泵压力表指针不正常摆动，液力端有不正常响声的原因及处理方法

故障原因：

（1）泵内有气体，发生抽气现象。

（2）泵进液阀、排液阀有漏失现象。

（3）泵排出阀座跳动。

（4）阀箱内有硬物相碰。

处理方法：

（1）开空车打开放气阀放气直至液体冒出。

（2）研磨更换阀体或阀座。

（3）停运往复泵，更换阀座。

（4）停运往复泵，清除阀箱内硬物。

7. 柱塞泵排出压力达不到要求，压力表指针摆动严重的原因及处理方法

故障原因：

（1）吸入阀、排出阀工作不正常。

（2）填料函大量漏失。

（3）稳压器失灵。

（4）压力表损坏。

处理方法：

（1）检查清洗或更换阀组件。

（2）调整或更换密封填料。

（3）更换或修理稳压器。

（4）校正或更换压力表。

8. 往复泵动力端冒烟的原因及处理方法

故障原因：

（1）连杆瓦烧坏。

（2）连杆铜套顶丝松动或油路堵塞。

（3）十字头与下导板无润滑油而干磨。

处理方法：

（1）修配或更换连杆瓦。

（2）停运往复泵，紧固顶丝，清除油路堵塞物。

（3）添加足够润滑油。

9. 往复泵在运转中产生噪声和振动的原因及处理方法

故障原因：

（1）介质中有空气。

（2）空气室内没有空气。

（3）活塞螺母松脱或活塞环损坏。

（4）泵内吸进固体物质。

（5）泵连接件松动。

处理方法：

（1）排除空气。

（2）检查调整，把空气充入空气室。

（3）检修活塞组件。

（4）检修清理泵缸。

（5）拧紧连接件。

10. 往复泵柱塞填料函处液体渗漏严重的原因及处理方法

故障原因：

（1）柱塞填料函体调节螺母松动。

（2）密封填料磨损严重。

（3）有污物、砂子等固体颗粒进入填料函。

（4）往复泵柱塞腐蚀或损伤。

处理方法：

（1）调节柱塞填料函体螺母的压紧量。

（2）更换密封填料。

（3）消除泵体内及管道污物或砂粒。

（4）更换往复泵柱塞。

11. 往复泵启动后不吸液故障及处理方法

故障现象：

启动后不吸水，无流量；泵体发热、压力表无脉动现象。

故障原因：

（1）泵吸入管堵塞。

（2）泵吸入管或填料筒漏气。

（3）泵液力缸的进液阀卡住。

（4）泵旁通阀未关。

处理方法：

（1）检查、清理吸入管路。

（2）检查修理吸入管路，更换填料。

（3）拆开检修或更换进液阀。

（4）关闭旁通阀。

12. 往复泵流量不足的故障及处理方法

故障现象：

泵体发热，流量不足，排出压力低于正常值。

故障原因：

（1）泵吸入管阀门未全开。

（2）泵进液阀、排液阀不严，内部漏失严重。

（3）旁通阀未关严。

（4）吸入管或过滤器部分堵塞。

（5）液力端密封圈损坏。

处理方法：

（1）将吸入管阀门全部打开。

（2）用凡尔砂研磨或更换进、排液阀芯和阀座，更换弹簧。

（3）关严旁通阀。

（4）检查、清洗吸入管路和过滤器。

（5）更换密封圈。

13. 往复泵启动后无液体排出的原因及处理方法

故障现象：

无流量、泵体发热、压力表无脉动或者压力升高憋压现象。

故障原因：

（1）往复泵吸入管线或排出管线堵塞。

（2）阀遇卡。

（3）阀箱内有空气。

（4）吸入管线连接不严。

（5）柱塞密封圈严重损坏。

处理方法：

（1）停泵，清除泵吸入管线或排出管线堵塞物。

（2）停泵，清除阀内卡塞物。

（3）打开进水阀门加水，排除阀箱内空气。

（4）紧固吸入管线连接不严处。

（5）停泵，更换柱塞密封圈。

14. 往复泵启动后有液体排出但无压力显示的原因及处理方法

故障原因：

（1）压力表失灵。

（2）未装保险销或已被切断。

（3）出口端敞口泄压。

处理方法：

（1）检查或更换压力表。

（2）重新安装保险销。

（3）维修出口端管路。

15. 往复泵抽空产生的原因及处理方法

故障现象：

无流量、压力低于正常值或无压力。

故障原因：

（1）进口液体温度太高产生汽化或液面过低吸入气体。

（2）进口阀未开或开得太小。

（3）活塞螺母松动。

（4）由于进口阀垫片损坏而造成进出口连通。

处理方法：

（1）降低进口液体温度，保证一定液面或调节往复次数。

（2）打开进口阀至一定开度或调节往复次数。

（3）上紧活塞螺母。

（4）更换进口阀垫片。

16. 往复泵压力不稳产生的原因及处理方法

故障现象：

压力或高或低波动较大。

故障原因：

（1）阀关不严或弹簧弹力不一样。

（2）活塞环在槽内不灵活。

处理方法：

（1）研磨阀或更换弹簧。

（2）调整活塞环与槽的配合。

17. 柱塞泵润滑不良的原因及处理方法

故障现象：

温度高，有铁器摩擦声，有碎屑异物。

故障原因：

（1）机油太少，油位太低飞溅不起来。

（2）机油压力过低。

（3）机油变质。

（4）机油型号不对，不适合泵的运转要求。

（5）机油温度过高，黏度低。

处理方法：

（1）增加油量，提高油位。

（2）检查或更换机油泵，调整配件间的间隙，修复机油管泄漏。

（3）清洗机油室，更换新油。

（4）更换该泵适用的润滑油。

（5）修复冷却系统和泵本身发热的问题。

18. 柱塞泵进口压力表指针摆动剧烈的原因及处理方法

故障原因：

（1）柱塞泵蓄能器充气不足或气压过高、胶囊损坏。

（2）柱塞泵的进液、排液阀损坏。

（3）柱塞泵的进液、排液阀密封圈泄漏。

（4）柱塞泵内进入空气。

（5）柱塞泵进口端滤网堵塞或来液不畅。

处理方法：

（1）按规范充气或更换柱塞泵蓄能器。

（2）更换失效的柱塞泵的进液、排液阀。

（3）更换失效的柱塞泵的进液、排液阀密封圈。

（4）排出柱塞泵内气体。

（5）清洗柱塞泵端滤网堵塞或检查来液情况。

螺杆泵常见故障

1. 螺杆泵不吸油产生的原因及处理方法

故障现象：

无流量、干摩定子发热，电动机功率变大。

故障原因：

（1）吸入管路堵塞或漏气。

（2）吸入高度超过允许吸入真空高度。

（3）电动机反转。

（4）输送介质黏度过大。

处理方法：

（1）清除吸入管路堵塞物，查找到吸入管路漏气处，检修吸入管路。

（2）降低螺杆泵的吸入高度。

（3）调整电动机转向。

（4）将介质加温。

2. 螺杆泵压力表指针波动大产生的原因及处理方法

故障原因：

（1）吸入管路漏气。

（2）安全阀定压不合理或工作压力过大，使安全阀时开时闭。

处理方法：

（1）查找到吸入管路漏气处，检修吸入管路。

（2）调整安全阀定压或降低工作压力。

3. 螺杆泵流量下降产生的原因及处理方法

故障现象：

流量计瞬时流量低于正常生产流量。

故障原因：

（1）吸入管路堵塞或漏气。

（2）螺杆泵螺杆（转子）与泵套（定子）磨损间隙过大。

（3）安全阀弹簧太松或阀瓣与阀座接触不严。

（4）电动机转速不够。

（5）吸液池液位不足，低于螺杆泵吸入口，来液量不能满足泵吸入量。

（6）输送介质黏度过高。

处理方法：

（1）清除吸入管路堵塞物，查找到吸入管路漏气处，检修吸入管路。

（2）泵件磨损严重时，应及时更换。

（3）调整弹簧，使其松紧适当；研磨阀瓣与阀座，达到闭合完好。

（4）修理或更换电动机。

（5）提高吸液池液位。

（6）加热或加药，降低输送介质黏度。

4. 螺杆泵轴功率急剧增大产生的原因及处理方法

故障现象：

电流高于正常电流值，电动机响声发闷。

故障原因：

（1）排出管路堵塞。

（2）定子安装不合格或螺杆泵定子、转子配合过紧。

（3）螺杆泵螺杆与泵套严重摩擦。

（4）输送介质黏度太大。

处理方法:

（1）停泵，清洗排出管路堵塞物。

（2）重新安装调整定子；用专用工具盘泵减轻负荷。

（3）泵件磨损严重时，应及时更换。

（4）提高输送介质温度，使其黏度降低。

5. 螺杆泵振动大有噪声的原因及处理方法

故障原因:

（1）基础不牢或泵与电动机不同心。

（2）螺杆与泵套不同心或间隙大。

（3）螺杆泵进口管线吸入空气或液体中混有大量气体，泵内有气。

（4）螺杆泵吸入管线有堵塞。

（5）螺杆泵内定子某一部分损坏。

处理方法:

（1）检查紧固泵基础，调整泵与电动机的同心度。

（2）检修螺杆与泵套，使螺杆与泵套同心，并将螺杆与泵套间隙调整在合理范围内。

（3）检修吸入管路，排除漏气部位；降低气压。

（4）疏通吸入管线。

（5）检修或更换螺杆泵定子。

6. 螺杆泵发热产生的原因及处理方法

故障原因:

（1）泵内严重摩擦。

（2）机械密封回油孔堵塞。

（3）输送介质温度过高。

处理方法:

（1）检修螺杆与泵套，使螺杆与泵套同心，并将螺杆与泵套间隙调整在合理范围内。

（2）疏通回油孔。

（3）适当降低输送介质温度。

7. 螺杆泵不排液的原因及处理方法

故障原因:

（1）进口管道断裂或螺杆泵万向节断。

（2）进、出口流程未倒通，进、出口阀门未打开。

（3）输送介质在低温下凝固，造成螺杆泵不排液。

处理方法:

（1）检修管道；检修或更换万向节。

（2）倒通正确进、出口流程。

（3）适当提高输送介质温度，增加介质流动性。

齿轮泵常见故障

1. 齿轮泵不排液产生的原因及处理方法

故障原因：

（1）旋转方向不对。

（2）吸油高度过高。

（3）油的黏度太大。

（4）进油管道及泵中有空气。

（5）油箱油面过低。

处理方法：

（1）检查转向。

（2）重新加油，增加油位或降低泵的高度。

（3）调整油的黏度。

（4）排除空气。

（5）补充油量。

2. 齿轮泵油压不稳定，有噪声的原因及处理方法

故障原因：

（1）吸油管或油泵漏气（泵入口油箱之间进入空气）。

（2）油面太低、过滤器堵塞。

（3）吸油不够、齿轮啮合不好。

（4）密封不严。

（5）轴弯曲。

处理方法：

（1）检查漏处，重新密封。

（2）提高油位，清洗过滤器。

（3）研磨和调整齿轮啮合状况。

（4）检查调整密封。

（5）更换新轴。

3. 齿轮泵工作油料泄漏产生的原因及处理方法

故障原因：

（1）装配间隙过小。

（2）滚针有锥度。

（3）装配后齿轮与轴的垂直度偏差过大（应小于 0.02mm）。

（4）有脏物吸入泵内。

（5）泵传动轴的中心与电动机中心不对。

（6）油不能外排，轴向力过大（顶死）。

处理方法：

（1）检查泵的间隙，如间隙过小，可用纸垫或磨轴套来调整。

（2）更换滚针。

（3）齿轮与轴校正后重新装配。

（4）更换油液，清洗油箱，检查清洗过滤器。

（5）检查泵与电动机的中心，允许误差不大于±0.10mm。

（6）全面检查泵的装配偏差。

4. 齿轮泵不吸油产生的原因及处理方法

故障原因：

（1）泵未注满油。

（2）泵吸入管路不严。

（3）吸入位差太大或太低。

处理方法：

（1）开泵前注满油。

（2）检查不严处。

（3）提高吸入口高度，缩小位差。

5. 齿轮泵油压过高产生的原因及处理方法

故障原因：

（1）排油管或过滤网堵塞。

（2）安全阀弹簧过紧。

处理方法：

（1）清洗油路及过滤器。

（2）拧松弹簧。

6. 齿轮泵卡死产生的原因及处理方法

故障原因：

（1）装配间隙过小。

（2）滚针有锥度。

（3）装配后齿轮与轴的垂直度偏差过大（应小于0.02mm）。

（4）有脏物吸入泵内。

（5）泵传动轴的中心与电动机中心不对。

（6）油不能外排，轴向力过大（顶死）。

处理方法：

（1）检查泵的间隙，如间隙过小，可用纸垫或磨轴套来调整。

（2）更换滚针。

（3）齿轮与轴校正后重新装配。

（4）更换油液，清洗油箱，检查清洗过滤器。

（5）检查泵与电动机的中心，允许误差不大于±0.10mm。

（6）全面检查泵的装配偏差。

7. 齿轮泵功率过大产生的原因及处理方法

故障原因：

（1）排出管路堵塞或排出阀门关闭。

（2）泵内间隙太小。

（3）泵与电动机轴心线不对中。

（4）所输油料黏度过大。

（5）所输油料夹有砂子（金属碎屑）使齿面磨伤，或齿轮的两端侧面和止推板内面显著摩擦。

处理方法：

（1）清理排出管，打开排出阀。

（2）调整间隙。

（3）校正轴心线。

（4）加热。

（5）应进行清洗、检查、修理或更换。

8. 齿轮泵排油管振动，压力表指针跳动产生的原因及处理方法

故障原因：

（1）油温低、黏度大使齿轮泵输送阻力增大。

（2）空气吸入液压泵内。

（3）空气阀未调整好。

处理方法：

（1）检查吸入侧，适当提高油温降低黏度。

（2）检查开闭器是否全开。

（3）重新调整空气阀。

电动机常见故障

1. 电动机不能启动且没有任何声响的原因及处理方法

故障原因：

（1）电源没电。

（2）熔丝熔断两相以上。

（3）电源线有两相或三相断线或接触不良。

（4）开关或启动设备有两相以上接触不良。

处理方法：

（1）检查电源，接通电源。

（2）更换熔丝。

（3）找出故障处，重新刮净、接好。

（4）查出接触不良处，予以修复。

2. 电动机不能启动且有"嗡嗡"声的原因及处理方法

故障原因：

（1）电源线有一相断线。

（2）熔丝熔断一相。

（3）"Y"形接法电动机绕组有一相断线。△形接法电动机有一相或两相断线。

（4）定子、转子相摩擦。

（5）负载机械卡死。

（6）轴承损坏。

（7）电压太低。

处理方法：

（1）查出断线处重新接好。

（2）更换熔丝。

（3）检查绕组断线处，重新修好。

（4）找出相擦原因，予以消除。

（5）检查负载机械及传动装置，再进行处理解决。

（6）更换轴承。

（7）电源线太细，启动压降太大，应更换粗导线，设法提高电压。

3. 电动机启动时熔丝熔断的原因及处理方法

故障原因：

（1）定子绕组一相接反。

（2）定子绕组有短路或接地故障。

（3）负载机械卡住。

（4）启动设备操作不当。

（5）传动皮带太紧。

（6）轴承损坏。

（7）熔丝过细。

（8）单相启动。

处理方法：

（1）分清三相首尾，重新接好。

（2）检查绕组短路和接地处，重新修好。

（3）检查负载机械和传动装置。

（4）纠正操作方法。

（5）把皮带调整到松紧适当。

（6）更换轴承。

（7）合理选用熔丝。

（8）处理好三相接线。

4. 电动机启动困难，启动后转速较低的原因及处理方法

故障原因：

（1）电源电压过低。

（2）定子绕组有短路或接地故障。

（3）转子笼条或端环断裂。

（4）电动机过载。

（5）将△形接法的电动机错接成"Y"形接法。

处理方法：

（1）调整电压或等电压正常时再使用电动机。

（2）检查绕组短路、接地处，予以修复。

（3）重新铸铝或另换转子。

（4）减轻负载。

（5）按正确接法改接过来。

5. 电动机三相电流不平衡且温度过高，甚至冒烟的原因及处理方法

故障原因：

（1）电源电压不平衡。

（2）绕组有短路和接地故障。

（3）重换绕组后，部分绕组接线错误。

（4）电动机单相运转。

处理方法：

（1）查出线路电压不平衡的原因，予以排除。

（2）检查短路、接地处，予以修复。

（3）查出接错处，改正过来。

（4）检查线路或绕组的终端或接触不良处，并重新接好。

6. 电动机电流没有超过额定值，但电动机温度过高的原因及处理方法

故障原因：

（1）环境温度过高。

（2）电动机直接受太阳曝晒。

（3）通风不畅。

（4）电动机上的灰尘、油泥过多，影响散热。

处理方法：

（1）设法降低环境温度或降低电动机负载使用。

（2）应增加遮阳设施。

（3）清理风道或搬开影响通风的障碍物。

（4）清除电动机上的灰尘、油泥。

7. 电动机振动大的原因及处理方法

故障原因：

（1）电动机基础不稳固或校正不好。

（2）风扇叶片损坏造成转子不平衡。

（3）轴弯或有裂纹。

（4）传动皮带接触不好。

（5）电动机单相运转。

（6）绕组有短路或接地故障。

（7）并联绕组有支路断路。

（8）转子笼条或端环断裂。

处理方法：

（1）加固基础或重新校正。

（2）更换风扇或设法校正转子平衡度。

（3）更换新轴或校正弯轴。

（4）重新安装好皮带。

（5）查找线路或绕组的断线和接触不良处，并予以修复。

（6）查找短路或接地处并予以修复。

（7）查出断线处，予以修复。

（8）重新铸铝或另换转子。

8. 电动机轴承过热的原因及处理方法

故障原因：

（1）传动皮带过紧。

（2）轴弯。

（3）端盖松动或没有装好。

（4）润滑油太脏或变质。

（5）润滑油过多或过少。

（6）润滑油牌号不符合要求。

（7）轴承损坏。

（8）轴承端盖压得太紧。

处理方法：

（1）调整皮带使之松紧适当。

（2）校正弯轴或更换新轴。

（3）上紧螺栓合严止口。

（4）清洗轴承更换新油。

（5）润滑油加到油腔的 $1/2 \sim 2/3$。

（6）按要求牌号更换润滑油。

（7）更换轴承。

（8）按正常尺寸扩大轴承室。

9. 电动机机壳带电的原因及处理方法

故障原因：

（1）引出线或接线盒接头的绝缘损坏接地。

（2）定子槽两端的槽口绝缘损坏。

（3）槽内有铁屑等杂物，使导线接地。

（4）外壳没有可靠接地。

处理方法：

（1）套一绝缘套管或包扎绝缘胶布。

（2）找出绝缘损坏处，垫上绝缘纸，再涂上绝缘漆。

（3）拆开每个绕组接头，找出接地绕组，进行局部修理。

（4）将外壳可靠接地。

10. 电动机运行中声音异常的原因及处理方法

故障原因：

（1）轴承损坏或润滑油严重缺少，油中有杂质等。

（2）定子、转子相擦。

（3）风罩或转轴上零件（风扇、联轴器等）松动。

（4）风罩内有杂物。

（5）轴承内圈和轴配合太松。

（6）电动机单相运转。

（7）绕组有短路或接地故障。

（8）绕组有接错。

（9）并联绕组中有支路断路。

（10）电动机过载。

（11）电源电压过低。

（12）转子笼条或端环断裂。

处理方法：

（1）清洗或更换轴承并换新油。

（2）找出相擦原因予以排除。

（3）紧固风罩或其他零件。

（4）清除杂物。

（5）堆焊转轴轴承磨损外，并按规定尺寸车好，使其配合紧密。

（6）检查线路、绕组断线或接触不良处，予以排除。

（7）检查短路、接地处，重新修好。

（8）改接绕组。

（9）检查断路点，重新接好。

（10）减轻负载。

（11）设法调整电压或等线路电压正常时再使用。

（12）转子重新铸铝或更换转子。

11. 电动机缺相运行的原因及处理方法

故障原因：

（1）电动机缺相运行时，转子左右摆动，有较大嗡嗡声。

（2）缺相的电流表无指示，其他两相电流升高，泵的各项参数发生突变。

（3）电动机转数降低，电流增大，电动机发热。温升快。

处理方法：

立即停机检修否则易发生事故。

加热炉常见故障

1. 二合一加热炉液位过高原因及处理方法

故障原因：

（1）泵发生抽空、汽蚀或偷停。

（2）二合一加热炉来水量增加、供水压力增大。

（3）二合一加热炉出口管线发生堵塞或出口阀门开得过小，进口阀门开得过大。

（4）二合一加热炉发生偏流。

处理方法：

（1）检查泵有无异常，根据实际情况采取相应的措施。

（2）控制来水量。

（3）检查二合一加热炉出口管线，开大出口阀门，关小进口阀门。

（4）控制并调整发生偏流的二合一加热炉。

2. 二合一加热炉液位过低原因及处理方法

故障原因：

（1）二合一加热炉液位调整不及时。

（2）浮子液位调节阀损坏。

（3）二合一加热炉气平衡管发生冻结，造成炉内产生憋压，导致不上液位。

（4）二合一加热炉炉体或连接部位有穿孔泄漏。

处理方法：

（1）及时调整二合一加热炉液位。

（2）维修浮子液位调节阀。

（3）用热水浇烫冻结的气平衡管，保持气平衡管畅通。

（4）紧急停炉并对二合一加热炉穿孔泄漏部位进行维修。

3. 二合一加热炉调节阀卡死不动作的故障原因及处理方法

故障原因：

（1）冬季运行时，二合一加热炉内持续高液位，使调节阀长时间处于关闭状态，发现不及时造成调节阀冻结。

（2）调节阀锈蚀结垢卡死。

处理方法：

（1）将调节阀用热水烫开，适当控制泵出口阀门，调整二合一加热炉液位，保证调节阀处于正常工作状态。

（2）用除锈剂进行局部除锈，或定期清垢，或对杠杆轴进行润滑。

4. 二合一加热炉浮球液位计失灵原因及处理方法

故障原因：

（1）二合一加热炉浮球液位计连杆脱落。

（2）二合一加热炉液位计浮球破裂进水。

处理方法：

（1）关闭二合一加热炉的燃气阀门。

（2）降低液位，关闭二合一加热炉进、出口阀门。

（3）放净容器内余压。

（4）拆除液位计补焊或更换浮球。

5. 二合一加热炉偏流原因及处理方法

故障原因：

（1）二合一加热炉调节阀失灵，造成进口管线不畅通。

（2）二合一加热炉溢流管发生冻堵现象。

（3）二合一加热炉出口阀门开得过小或出口管线发生堵塞。

（4）二合一加热炉的炉火过大造成出口温度过高。

处理方法：

（1）检查维修调节阀。

（2）处理溢流管冻堵。

（3）开大出口阀门或检查处理堵塞的出口管线。

（4）调整二合一加热炉炉火降低出口温度。

6. 二合一加热炉温度过高原因及处理方法

故障原因：

（1）泵发生偷停。

（2）二合一加热炉的燃气量、燃气压力增大。

（3）二合一加热炉温度显示仪表指示失灵。

（4）二合一加热炉出口阀门开得过小、出口管线堵塞或出口阀门闸板脱落。

处理方法：

（1）按操作规程启用备用泵并调整排量。

（2）调整燃气压力、燃气量，逐渐降低炉膛温度。

（3）检查更换温度显示仪表。

（4）开大出口阀门、处理堵塞管线或更换出口阀门。

7. 二合一加热炉汽化原因及处理方法

故障原因：

（1）二合一加热炉水流量少。

（2）二合一加热炉燃气压力上升。

（3）二合一加热炉烧火间燃气阀门开得过大。

（4）泵发生偷停，发现不及时。

处理方法：

（1）关闭汽化二合一加热炉的炉火。

（2）开大汽化二合一加热炉的进、出口阀门，关小其他二合一加热炉进、出口阀门，加大水流量以降低炉内温度。

（3）如果泵内进气，立即停运掺水泵，放净泵内及管线内的气体后，重新启泵。

（4）汽化二合一加热炉炉温降至正常后，按操作规程重新点炉。

8. 二合一加热炉温度突然上升的故障原因及处理方法

故障原因：

（1）泵发生偷停或泵的排量突然下降。

（2）二合一加热炉进、出口阀门闸板脱落。

（3）二合一加热炉燃气压力突然上升。

处理方法：

（1）按操作规程重新启泵并加大泵的排量。

（2）维修阀门。

（3）调整燃气压力，降低炉膛温度。

9. 二合一加热炉溢流阀冻堵故障原因及处理方法

故障原因：

（1）由于炉内有挥发的油、水蒸气，冬季易造成溢流阀结霜冻堵。

（2）溢流阀未打开或闸板脱落。

（3）二合一加热炉发生冒罐。

处理方法：

（1）用热水浇烫溢流阀，将溢流管或溢流阀进行保温。

（2）打开溢流阀门，如球或闸板脱落则更换阀门。

（3）加强巡检次数，防止发生冒罐。

10. 加热炉烟囱冒烟异常现象、故障原因及处理方法

异常现象：

（1）烟囱冒黑烟。

（2）烟囱间断冒小股黑烟。

（3）烟囱冒黄烟。

（4）烟囱冒大股黑烟。

故障原因：

（1）燃料和空气配比不当，燃料过多，燃烧不完全。

（2）空气量不足，燃料雾化不好，燃烧不完全。

（3）操作乱，调节不好，熄火后再进行点火时发生。

（4）风机入口堵塞，空气量严重不足，燃烧不完全，火嘴喷口结焦，雾化不好或燃料突增所致。

处理方法：

（1）调整燃料与空气的配比或燃料供给量。

（2）调大合风，调整燃料雾化。

（3）按操作规程进行点炉。

（4）清理风机入口堵塞物，及时调整合风和燃料供给量，并进行火嘴清理。

11. 加热炉炉管烧穿故障原因及处理方法

故障原因：

（1）火焰偏烧，使炉管局部过热，产生高温氧化。

（2）燃烧不完全、雾化不良，造成炉管壁结焦。

（3）油、水及高温烟气腐蚀材质，产生局部斑点、麻坑等破坏。

（4）操作温度及压力过高，超过材质允许极限。

处理方法：

（1）炉管烧穿不严重时，可按加热炉的停炉操作程序进行停炉，然后采取措施，进行处理。

（2）炉管烧穿严重时，应立即停用事故加热炉，启用备用加热炉。关闭事故加热炉燃料进口阀门，关闭介质进、出口阀门，关闭烟道挡板，打开事故加热炉排污阀，由专业人员进行处理。

12. 加热炉凝管故障原因及处理方法

故障原因：

（1）加热炉炉管局部结垢堵塞，管内介质不流动。

（2）加热炉进、出口管线内有异物或阀门故障发生堵塞。

（3）加热炉偏流或不走液。

处理方法：

（1）压力挤压法：先全开加热炉出口阀门，后逐步开大进口阀门，慢慢升压将凝管顶挤畅通。

（2）小火烘炉法：先全开加热炉出口阀门，并适当关小进口阀门，然后用小火烘炉，再以适当的压力进行顶挤。

（3）自然解凝法：先停炉切断进、出口来液，然后使加热炉进、出口两端敞口，利用环境温度达到解凝的目的。

13. 真空加热炉真空阀动作原因及处理方法

故障原因：

（1）流程未倒通，盘管内无加热介质流动。

（2）真空阀故障。

处理方法：

（1）停炉，检查倒通流程。

（2）维修更换真空阀。

14. 加热炉憋压故障原因及处理方法

故障原因：

（1）加热炉出口管线堵塞、出口阀门未开或未开到位。

（2）加热炉盘管内有气阻。

（3）盘管内结垢或有异物堵塞。

处理方法：

（1）清通加热炉出口管线，打开出口阀门，调整出口阀门开度。

（2）放净加热炉盘管内气体。

（3）清通盘管。

15. 加热炉换热效果差的故障原因及处理方法

故障原因：

（1）炉筒内有空气。

（2）盘管内结垢。

（3）烟管内有大量烟灰。

（4）燃料流量过少。

（5）加热炉超负荷运行。

（6）参数设置错误。

处理方法：

（1）排净炉筒内空气。

（2）清通或更换盘管。

（3）停炉清理烟管烟灰。

（4）加大燃气流量，调整进风量。

（5）更换负荷匹配的加热炉或再启用一台备用加热炉。

（6）重新设置自控参数。

16. 加热炉进、出口法兰垫子刺漏的原因及处理方法

故障原因：

（1）法兰垫子螺栓紧偏或螺栓松动。

（2）冬季生产时，不走水法兰垫子冻裂。

（3）法兰垫子质量不合格。

处理方法：

（1）关火停炉降低炉温。

（2）将加热炉液位抽低。

（3）关闭发生垫子刺阀门的前后阀门。

（4）放掉底水，紧固松动螺栓或更换法兰垫子。

17. 真空加热炉进、出口压差大的原因及处理方法

故障原因：

（1）进、出口阀门未开到位或发生故障。

（2）盘管结垢或内部弯头有管堵。

处理方法：

（1）检查调整进、出口阀门开度或更换阀门。

（2）清通盘管。

18. 真空加热炉排烟温度高的原因及处理方法

故障原因：

（1）烟管内有大量积灰。

（2）燃烧器运行负荷超出加热炉额定负荷。

（3）换热效果差。

处理方法：

（1）停炉、清理烟管内积灰。

（2）检查燃料流量，调整燃烧器。

（3）按"换热效果差"故障进行分析排除并处理。

19. 真空加热炉液位计失灵的原因及处理方法

故障原因：

（1）加热炉内水质不合格。

（2）液位计内部不干净。

（3）液位计磁浮子进水。

（4）液位计进、出口阀门未开。

处理方法：

（1）停炉，换水。

（2）拆开液位计，用水冲洗干净。

（3）更换液位计磁浮子。

（4）打开液位计进、出口阀门。

20. 真空加热炉燃烧器自动点火启动失灵的原因及处理方法

故障原因：

（1）外界连锁故障。外界温度或压力控制没有到达启动下限。

（2）燃烧器内部连锁未通过。气压过高或过低、风压开关没有闭合、风门机构没有到位时，均会出现此类现象。

（3）程控器故障没有进行复位。

（4）燃烧器鼓风机过热保护，未对热继电器进行复位。

（5）控制柜启动按钮失灵或接触不良。

（6）电路故障。

处理方法：

（1）检查温度或压力设定值。

（2）逐步检查气压、风压开关、风门机构是否正常。

（3）重新复位程控器。

（4）重新复位热继电器。

（5）检查控制柜启动按钮是否正常。

（6）检查电路是否正常。

电脱水器常见故障

1. 电脱水器电场波动的原因及处理方法

故障现象：

脱水控制柜电压表指针突然上下摆动，从脱水器内连续发生"啪啪"放电声。

故障原因：

（1）操作开关阀门时过猛不平稳，导致脱水器液面波动过大。

（2）脱水器放水不及时造成脱水器内油水界面过高，水淹电极。

（3）脱水器内的进液温度过低。

（4）高含水原油（含水超过 30%）进入电脱水器内。

（5）污水岗或沉降罐集中来老化油或回收的落地油较多同时进入电脱水器内。

（6）破乳剂加入量不均，当破乳剂加入量过少时，造成来液破乳效果差。

处理方法：

（1）合理平稳控制，缓慢关小电脱水器油出口阀门，同时注意观察电脱水器工作压力。

（2）根据放水含油情况，适当缓慢开大放水阀门，降低油水界面。

（3）适当提高脱水加热炉温度，使破乳剂达到最佳破乳效果。

（4）查明含水变化原因，控制上游游离水脱除器的出口含水值。

（5）控制老化油的来液量，小排量平稳回收；同时加大破乳剂用量，提高脱水温度，在电流允许范围内，合理控制脱水电压。

（6）均匀加入破乳剂。

2. 电脱水器绝缘棒击穿的原因及处理方法

故障现象：

电流突然上升，电压下降到接近零的程度，严重时脱水器根本送不上电，脱水器灭弧桶压力表显示有压力。

故障原因：

（1）安装绝缘棒时，绝缘棒台阶处有裂痕，质量差。

（2）绝缘棒被高压电击穿，高压绝缘棒表面闪络造成。

（3）绝缘棒表面附着水分。

处理方法：

（1）按操作规程停运电脱水器，更换合格的绝缘棒，重新添加变压器油。

（2）使用材质好的聚四氟乙烯绝缘棒。

（3）加大电脱水器放水量，防止水位过高，降低顶部净化油含水。

3. 电脱水器硅板击穿、变压器油变质原因及处理方法

故障现象：

（1）脱水器电流突然升高，电压归零，长时间送不上电，检查绝缘棒与外部电路均无损坏。

（2）在变压器上，转换为交流挡位时，可以缓慢恢复送电。

（3）变压器油变色。

故障原因：

长期大电流运行致使硅板击穿；变压器油变质或变压器油质不合格。

处理方法：

（1）关闭故障电脱水器出油阀门。

（2）适当调整其他运行电脱水器工作压力及处理量，保证正常生产。

（3）关闭故障电脱水器的放水阀门。

（4）关闭电源并摘下保险，挂上"禁止合闸"警示牌。

（5）更换硅板、变压器油。

（6）按操作规程投运电脱水器，恢复正常生产。

4. 电脱水器电场破坏原因及处理方法

故障现象：

（1）脱水器电流急剧上升，电压急剧下降。

（2）关闭脱水器进、出口阀门静止送电时，电压迟迟不能恢复，偶尔发生波动。

故障原因：

（1）电脱水器内油水界面过高造成水淹电极。

（2）电脱水器的出口排量突然增加。

（3）高含水原油进入电脱水器内。

（4）从沉降罐或污水岗集中来老化油或回收的落地油较多。

（5）未加破乳剂或破乳剂与来油不匹配。

处理方法：

（1）关小故障脱水器出油阀门，根据放水含油情况适当加大放水量，控制油水界面。

（2）适当调整其他电脱水器工作压力及处理量，保证正常生产。

（3）合理控制一段游离水脱除器的界面，保证出油含水低于 30%。

（4）针对老化油的处理。

① 平稳回收沉降罐及污水岗的老化油，平稳回收落地油，减小老化油对电场的冲击。

② 适当提高破乳剂的用量，适当提高加热炉的温度，使其达到破乳剂所要求的温度。

（5）调整破乳剂用量或更换与来油相匹配的破乳剂。

游离水脱除器常见故障

1. 游离水脱除器运行时压力异常原因及处理方法

故障现象：

游离水脱除器运行时压力高于或低于设定值。

故障原因：

（1）上游转油站来液异常，忽高忽低。

（2）调节阀失灵。

处理方法：

（1）检查来油汇管压力，判断转油站来液是否正常。

（2）调节阀失灵的处理方法。

① 如果压力高，油水界面高，可适当开启放水旁通阀门加大放水，恢复压力及油水界面。

② 如果压力高，油水界面低，可适当开大油出口汇管调节阀旁通阀门降低压力，恢复油水界面。

③ 如果压力低，油水界面高，可关小油出口阀门，恢复压力及油水界面。

④ 如果压力低，油水界面低，可控制放水排量，恢复压力及油水界面。

⑤ 如果油水界面正常，压力异常，可同时适当调整放水及油出口排量，查明原因处理调节阀故障。

（3）生产正常后，恢复原流程。

2. 游离水脱除器油出口含水过高原因及处理方法

故障现象：

油出口含水超高。

故障原因：

（1）游离水脱除器内油水界面过高。

（2）来油油质不好形成老化油或来液量大。

（3）破乳剂用量不够。

（4）开关阀门操作过猛不平稳。

处理方法：

（1）开大放水阀门放水，降低油水界面。

（2）查明原因，减少污水沉降罐及污水岗的污油回收量，加大放水降低来液压力。

（3）加大一段破乳剂的用量。

（4）缓慢开关阀门平稳操作。

3. 游离水脱除器运行时压力过高的原因及处理方法

故障原因：

（1）上游来液量大。

（2）放水阀门开得过小或自动放水阀卡堵。

（3）油出口阀门开得过小或电脱水器岗控制出口排量。

处理方法：

（1）打开放水旁通阀门，加大放水。

（2）开大放水阀门或先打开旁通阀门，并对自动放水阀进行解卡堵。

（3）开大油出口阀门，联系电脱水器岗，开大出口阀门调整排量以降低系统压力。

4. 游离水脱除器运行时压力过低的原因及处理方法

故障原因：

（1）上游来液量低。

（2）放水阀门开得过大或自动放水调节阀失灵。

（3）下游倒错流程或管线、容器有穿孔泄漏现象发生。

处理方法：

（1）关小放水阀门。

（2）关小放水阀门或微开放水旁通阀门，关闭放水调节阀前后控制阀门。

（3）联系下游岗位，确认流程正常或巡检泄漏点。

5. 游离水脱除器的放水调节阀失灵，大量原油进入污水沉降罐的原因及处理方法

故障现象：

油水界面下降，污水含油升高，污水沉降罐油位不断上升。

故障原因：

游离水脱除器的放水调节阀失灵，岗位人员监测不及时。

处理方法：

（1）适当开启游离水脱除器放水调节阀旁通阀门，关闭游离水脱除器放水调节阀前后控制阀门，逐步恢复游离水脱除器的油水界面至 2/3 处。

（2）关小污水泵出口阀门，降低污水泵流量。

（3）污水沉降罐的液位升至收油槽高度时，打开沉降罐的收油阀门，按操作规程启动收油泵进行收油。

（4）收油完毕后，按操作规程停运收油泵，关闭污水沉降罐收油阀门。

（5）查找原因，维修故障调节阀。

（6）恢复生产，倒回原流程。

6. 游离水脱除器运行时界面过高的原因及处理方法

故障原因：

（1）放水阀门开得过小。

（2）放水出口管线有堵塞。

（3）游离水脱除器内沉积泥砂过多，游离水脱除器内有效沉降空间减小。

处理方法：

（1）开大放水阀门，加大放水量，降低油水界面高度。

（2）清通放水出口管线。

（3）清除游离水脱除器内部泥砂。

7. 游离水脱除器运行时界面过低的原因及处理方法

故障原因：

（1）油出口阀门开得过小或管线有堵塞导致油出不去。

（2）下游岗位控制油出口阀门过小。

（3）放水阀门开得过大，造成界面过低。

（4）放水调节阀失灵，造成界面过低。

处理方法：

（1）开大油出口阀门或清通管线堵塞保证油能正常流动。

（2）联系下游岗位，开大油出口阀门。

（3）关小放水阀门，恢复界面高度。

（4）微开放水旁通阀，关闭放水调节阀前后控制阀门，恢复界面高度。

油罐常见故障

1. 油罐机械呼吸阀、液压安全阀不动作原因及处理方法

故障原因：

机械呼吸阀和液压安全阀卡阻、锈蚀或冻结而使其不动作造成憋压。

处理方法：

检修和校验机械呼吸阀的阀盘，清除锈蚀，检查液压安全阀内有无结冰，对结冰处进行热水浇烫处理，并检查液压安全阀的油位是否正常，如果油位不够及时加油。

2. 油罐量油孔盖打不开的原因及处理方法

故障原因：

凝油或石蜡粘连、水蒸气冻凝等造成量油孔盖打不开。

处理方法：

用热水浇烫量油孔盖，进行加热处理使凝油、石蜡、冻凝的水蒸气融化。

3. 油罐量油尺下不去的原因及处理方法

故障原因：

（1）油品黏度过大。

（2）油温过低使原油凝固。

处理方法：

（1）降低油品黏度。

（2）提高油温。

4. 油罐轻微振动并伴有声响的原因及处理方法

故障原因：

（1）原油含气量大。

（2）进、出液流量过大。

（3）加热盘管发生水击或加热盘管损坏，造成热水进入油罐。

处理方法：

（1）降低原油含气量。

（2）控制油罐进、出液流量。

（3）检修加热盘管。

5. 油罐排污阀门不排液的原因及处理方法

故障原因：

（1）放水（排污）阀结垢或有杂物堵塞或冬季发生冻结所致。

（2）阀门损坏或闸板脱落。

处理方法：

（1）清除放水（排污）阀堵塞物或热水浇烫处理冻结。

（2）更换或维修损坏阀门。

6. 油罐连接部位渗漏的原因及处理方法

故障原因：

（1）连接部位螺栓松动。

（2）密封圈、垫片发生老化。

处理方法：

（1）对称紧固螺栓。

（2）更换密封圈、垫片。

7. 油罐加热盘管不热的原因及处理方法

故障原因：

（1）油罐加热盘管冻结。

（2）蒸汽压力过低。

（3）流程未倒通或管线堵塞。

（4）阀门未打开或损坏。

处理方法：

（1）根据冻结情况进行解冻。

（2）升高蒸汽压力。

（3）检查并倒通流程或清通管线。

（4）检修或更换阀门。

8. 油罐跑油的故障及处理方法

故障原因：

（1）阀门或管线冻裂、密封垫片损坏。

（2）误操作导致冒罐跑油。

（3）排污阀门开得过大，排污时间过长。

（4）油罐罐壁由于腐蚀、砂眼等造成渗漏跑油。

（5）油罐液位计失灵出现假液位，发生冒罐跑油事故。

处理方法：

（1）立即倒罐并提高外输量。

（2）更换阀门并维修管线或更换密封垫片，维修油罐渗漏处。

（3）提高安全意识，防止误操作。

（4）立即关闭排污阀。

（5）更换液位计，控制罐内液位。

9. 油罐抽瘪的故障及处理方法

故障原因：

机械呼吸阀和液压安全阀冻凝或锈死、阻火器堵死罐内形成真空，操作人员检查不及时，外输油泵还在继续运转。

处理方法：

（1）检修机械呼吸阀和液压安全阀及阻火器，使其畅通正常工作。

（2）立即停泵。

10. 油罐鼓包的故障及处理方法

故障原因：

（1）呼吸阀和安全阀冻凝或锈死、阻火器堵死。

（2）罐内上部存油冻凝下部加热使上下温差过大。

（3）油罐整体冻凝。

处理方法：

（1）检修机械呼吸阀、液压安全阀和阻火器，使其畅通正常工作。

（2）停止进油。

（3）从上向下加热凝油使其缓慢融化。

11. 油罐发生泄漏的原因及处理方法

故障原因：

（1）油罐液位计失灵出现假液位，发生冒罐泄漏事故。

（2）油罐罐壁因腐蚀发生泄漏。

（3）油罐进出口管线穿孔或法兰垫子刺。

（4）岗位员工误操作发现不及时，发生冒罐泄漏。

处理方法：

（1）倒运备用油罐或启动备用泵，加大外输量降低油罐液位。

（2）更换液位计。

（3）堵漏或更换法兰垫子。

（4）提高安全意识，防止误操作。

三相分离器、除油器常见故障

1. 三相分离器液位过高的原因及处理方法

故障原因：

（1）来液量过大。

（2）气出口阀门开得过大，导致气压降低液位上升。

（3）油出口阀门开得过小或外输油泵排量小，致使油抽不出去液位升高。

（4）放水阀门开得过小，分离出来的游离水排不出去，三相分离器液位过高。

（5）三相分离器内泥砂等杂质过多。

处理方法：

（1）开大放水阀门或增大外输油量，加大处理液量降低液位。

（2）关小气出口阀门，使三相分离器内压力升高将液位压低。

（3）开大油出口阀门或提高外输泵排量。

（4）开大放水阀门降低液位。

（5）清除三相分离器内泥砂等杂质。

2. 三相分离器液位过低的原因及处理方法

故障原因：

（1）来液量过小，放水阀门开得过大或外输油量过大造成液位过低。

（2）气出口阀门开得过小，使三相分离器内压力过高将液位压低。

（3）油出口阀门开得过大或外输油泵排量过大。

（4）放水阀门开得过大。

处理方法：

（1）关小放水阀门或控制外输油量，使三相分离器液位恢复正常。

（2）开大气出口阀门，降低三相分离器内的压力，使液位回升到正常值。

（3）关小油出口阀门或降低外输泵排量。

（4）关小放水阀门，减少放出的水量使液位恢复正常。

3. 三相分离器气管线进油的故障及处理方法

故障现象：

（1）三相分离器液位过高。

（2）除油器液位过高。

（3）二合一炉膛进油着火。

故障原因：

（1）浮漂连杆机构失灵，无法控制液位，使油位迅速上升进入气管线。

（2）出油阀、放水阀卡死、未开或管线堵死，造成油、水输不出去，液位上升时进入气管线。

（3）气出口阀门开得过大或分离器压力过低无法压住液位，液位上升过快使油进入气管线。

处理方法：

（1）倒备用分离器，检查维修浮漂连杆机构。

（2）检修出油阀、放水阀，开大未开阀门或清通管线。

（3）关小气出口阀门提高分离器压力，使液位在正常值内波动。

（4）处理完毕后要对进油的气管线扫线放空，启动收油泵，回收除油器内介质。

4. 三相分离器油水界面过低的原因及处理方法

故障原因：

（1）放水阀开得过大或自动放水阀失灵，导致水位下降过多。

（2）排污阀泄漏，管线穿孔或倒错流程，造成水位和界面下降。

（3）出油阀关闭、卡死或出油管线堵塞，外输油泵停泵或抽空。

处理方法：

（1）关小放水阀或关闭自动放水阀前后控制阀，使水位缓慢上升到正常值。

（2）关闭排污阀，检查管线堵漏，倒回正常流程。

（3）打开出油阀，更换卡死出油阀，解堵出油管线，启用外输油泵或排气启用备用泵恢复外输油量。

5. 三相分离器油水界面过高的原因及处理方法

故障原因：

（1）放水阀开得过小或自动放水阀打不开，分离出的水放不出去。

（2）出油管线穿孔或下站倒错流程，三相分离器抽偏。

处理方法：

（1）开大放水阀或打开自动放水阀旁通阀，加大外输水量降低油水界面。

（2）检查出油管线堵漏或倒回正常流程，调整抽偏的三相分离器油出口阀门，降低油的外输量使油水界面恢复正常值。

6. 三相分离器出水管线见油的故障及处理方法

故障现象：

三相分离器内油水界面过低。

故障原因：

（1）处理量过大，沉降时间不能满足造成油水未分离就从水出口排出。

（2）破乳剂加入量不够造成破乳效果不好、油水不分离。

（3）放水阀门开得过大或自动放水阀失灵，导致油水界面过低油从水出口排出。

（4）操作不平稳开关阀门过猛，导致油被水流旋出。

（5）出油阀门关闭、卡死或出油管线堵塞，外输油泵停泵、抽空。

处理方法：

（1）合理控制外输泵的排量，延长沉降时间。

（2）增大破乳剂加入量，使破乳效果达到合理要求。

（3）关小放水阀门或关闭自动放水阀前后控制阀，微开旁通阀，恢复油水界面高度，防止油从水出口排出。

（4）平稳操作，缓慢开关放水阀门，使其不产生旋流现象。

（5）打开出油阀门；更换卡死出油阀门，解堵出油管线，启泵、处理泵抽空恢复外输油量。

7. 三相分离器压力过高的原因及处理方法

故障现象：

液位、界面忽高忽低波动大。

故障原因：

（1）来液量突然增大，操作人员未及时加大外输油和外输水量。

（2）气出口阀门开得过小或出口管线堵塞，造成压力升高。

（3）放水阀门开得过小或自动放水阀卡住管线堵塞。

（4）出油阀门开得过小或管线堵塞、外输油泵停泵、抽空造成压力升高。

处理方法：

（1）开大气出口阀门，加大放水，提高外输泵排量。

（2）开大气出口阀门，清通堵塞管线。

（3）开大放水阀门或打开旁通阀门，关闭自动放水阀前后控制阀进行维修。

（4）提高外输油量，清理管线堵塞，启用外输油泵排净泵内气体。

8. 三相分离器压力过低的原因及处理方法

故障原因：

（1）来液量过少，操作人员未及时降低外输气、外输油、外输水量。

（2）气出口阀门开得过大或出口管线有漏造成压力降低。

（3）放水阀门开得过大或自动放水阀失灵，使三相分离器内压力降低。

（4）容器有泄漏造成压力降低。

处理方法：

（1）关小气出口阀门，减少放水，降低外输泵排量恢复三相分离器的压力。

（2）关小气出口阀门，进行维修。

（3）关小放水阀门或微开旁通阀门，关闭自动放水阀前后控制阀门。

（4）启用备用三相分离器，维修泄漏容器。

9. 三相分离器油仓抽空原因及处理方法

故障现象：

（1）外输泵抽空。

（2）三相分离器液位下降。

故障原因：

（1）分离器油出口阀门开度过大。

（2）来液量不足，操作人员未及时降低外输油量。

（3）分离器液位调节机构失灵，放水阀门开得过大，使油位过低无法进入油仓。

（4）气出口阀门未开或开得过小，外输气管线堵塞压力过高，将液位压得过低油无法进入油仓。

（5）外输泵排量过大。

（6）多台三相分离器同时运行发生偏抽。

处理方法：

（1）关小油出口阀门开度保持液位正常。

（2）增大来液量或调整减少外输油量。

（3）维修或更换液位调节机构，控制放水阀开度减少放水量。

（4）开大气出口阀门，打开紧急放空阀，调整天然气压力，并进行解堵处理恢复液位高度。

（5）调整外输泵排量恢复液位。

（6）调整三相分离器的出口排量防止偏抽。

10. 三相分离器压力突然上升原因及处理方法

故障现象：

三相分离器压力突然上升。

故障原因：

（1）天然气管线堵塞。

（2）出油阀门卡死，外输泵停泵或突然停电。

（3）浮漂连杆机构失灵。

（4）来液量突然增加。

（5）压力表突然失灵。

处理方法：

（1）立即打开紧急放空阀门调整天然气压力，并进行解堵处理。

（2）维修或更换出油阀门，启泵或倒通越站流程。

（3）检修或更换浮漂连杆机构，重新启动外输油泵。

（4）控制来液量。当来液量增加较快时，可打开旁通阀门或启动备用分离器。

（5）更换压力表。

11. 三相分离器压力突然下降原因及处理方法

故障现象：

三相分离器压力突然下降。

故障原因：

（1）压力表指示不准确。

（2）排污阀门、放空阀门被打开。

（3）外输气管线穿孔。

（4）外输气阀门开度过大。

（5）压力调节阀失灵，自动放水阀失灵或全部打开。

（6）容器出现穿孔泄漏。

处理方法：

（1）检查更换压力表。

（2）关闭放空阀门、排污阀门。

（3）关闭外输气阀门进行维修。

（4）调整外输气阀门开度，控制外输气量。

（5）由自动控制改为手动控制，打开调节阀旁通阀门手动进行调节。

（6）启用备用三相分离器，维修故障分离器。

12. 天然气除油器进油原因及处理方法

故障现象：

三相分离器液位过高，导致气出口管线进油后，进入天然气除油器。

故障原因：

（1）气出口阀门开得过大或外输气管线穿孔，造成三相分离器液位升高。

（2）放水阀门开得过小或关死，放水管线堵塞造成液位升高。

（3）外输油阀门关死或管线堵塞，外输油泵停泵或抽空造成液位升高。

（4）来液量突然猛增未及时加大外输量造成液位升高。

（5）操作人员误操作或未按时进行巡检造成液位过高。

处理方法：

（1）关小气出口阀门，维修穿孔管线或解堵管线。

（2）开大放水阀门。

（3）开大外输油阀门或解堵管线，启用外输油泵或排净抽空泵内气体。

（4）控制来液量或开大放水阀门，提高外输油量。

（5）提高安全意识，按时进行巡检。

流量计常见故障

1. 腰轮流量计常见故障及处理方法

故障现象:

(1) 腰轮不转。

(2) 轴向密封联轴器漏油。

(3) 指针转动不稳或时停时走。

(4) 误差过大,但最大最小误差之差不超过 1%。

(5) 发信器无信号。

(6) 密封部位有渗漏现象。

故障原因:

(1) 管道中被测液体含杂物多,过滤器损坏,杂物进入表内,腰轮卡死。

(2) 密封填料磨损或缺少密封油。

(3) 指针、螺钉、腰轮等有松动或转动件转动不灵活。

(4) 使用期间或检修后间隙等发生变化。

(5) 发信块位置不当,极性接反。

(6) "O" 形密封圈老化失效。

处理方法:

(1) 拆洗仪表与管道,维修过滤器、腰轮表面。

(2) 拧紧压盖或更换填料、加密封油。

(3) 更换轴承,维修变齿处的计量箱壁和齿轮,使转动灵活,保证所需间隙。维修后要重新校验。

(4) 重新校验调整。对于 0.2 级流量计最大最小误差之差不超过 $\pm 0.17\%$。

(5) 重新调整位置,左右、前后移动,重新更改 "+" 接红线、"-" 接黑线。

(6) 更换 "O" 形密封圈加涂密封脂。

2. 刮板流量计常见故障及处理方法

故障现象:

(1) 传感器不转。

(2) 有异常噪声或精确度超差。

(3) 发讯器无脉冲信号。

故障原因:

(1) 液体含杂质多,过滤器损坏杂物进入流量计。

(2) 刮板严重磨损或破损,轴承严重磨损。

(3) 电源线和信号线接错,电子元件损坏。

处理方法：

（1）检查过滤器，清除杂质，更换滤网。

（2）更换刮板和轴承。

（3）重新调整接线，更换电子元件并重新校验。

3. 智能旋进旋涡流量计常见故障及处理方法

故障现象：

（1）智能旋进旋涡流量计表头温度、瞬时流量有显示，压力与实际工作压力指示不符。

（2）显示瞬时流量、压力正常，温度显示与工作现场温度不符。

（3）表头无显示。

故障原因：

（1）若压力示值为"80"或流量计"压力上限"。

① 外接一新压力传感器，看表头是否显示当地大气压，若显示当地大气压，则原传感器损坏。

② 外接一新压力传感器，若表头显示仍为"80"，则证明流量计主板坏。

（2）若压力示值基本为一定值。（现场工作压力变化较大，流量计表头显示压力无变化或变化较小）

① 压力传感器取压孔堵塞。

② 压力传感器线性校准曲线变坏。

（3）温度示值为"－75℃"或超过"100℃"温度传感器损坏。

（4）温度示值超过或低于现场实际温度，更换传感器后，仍为该现象，则温压电路损坏。

（5）流量计无24V电源或电池供电。

（6）流量计液晶板损坏。

（7）流量计主板损坏。

（8）电源接线有误或断线。

处理方法：

（1）更换压力传感器，更换流量计主板。

（2）清理取压孔，更换或重新标定压力传感器。

（3）更换传感器。

（4）更换温压电路。

（5）对流量计进行24V供电或更换流量计电池。

（6）更换流量计液晶板。

（7）更换流量计主板。

（8）查找并重新接线。

4. 电磁流量计常见故障及处理方法

故障现象：

仪表显示不准，无显示或显示数字晃动。

故障原因：

（1）仪表结构件或元器件损坏。

（2）液体中含有气泡。

（3）液体没有充满管线。

（4）电极腐蚀、结垢或短路。

（5）电导率过低。

（6）衬里变形。

（7）外部强电磁场干扰。

处理方法：

（1）更换损坏的仪表结构件或元器件。

（2）加消泡剂消除液体中气泡。

（3）更换直径小的管线，使液体充满管线。

（4）更换电极或清除结垢。

（5）更换电导率合适的流量计。

（6）更换衬里。

（7）清除外部强电磁场。

油气分离器常见故障

1. 油气分离器压力过低的原因及处理方法

故障原因：

（1）压力表指示不准确。

（2）分离器出口阀门开度过大，造成分离器压力过低。

（3）放空阀门未关闭造成分离器压力过低。

（4）管线或容器有严重漏失造成分离器压力过低。

（5）压力调节阀失灵，阀芯被卡，调节失效造成分离器压力过低。

（6）来液少液位过低造成分离器压力过低。

处理方法：

（1）检查更换压力表。

（2）适当调节出口阀门开度。

（3）检查放空阀门是否关闭。

（4）检查并处理管线或容器漏失处。

（5）改自控为手控，打开调节阀旁通阀，关闭调节阀前后控制阀手动调节油气分离器的压力。

（6）加大来液量调整液位、压力。

2. 油气分离器天然气管线进油的故障及处理方法

故障原因：

（1）液位调节机构失灵，液体排放不及时，造成油气分离器内液位上升，导致天然气管线进油。

（2）出油阀门卡死，液体排放不及时，造成油气分离器内液位上升，导致天然气管线进油。

（3）天然气出口阀门或放空阀门开得过大，造成油气分离器压力过低，导致天然气管线进油。

（4）管线或容器泄漏造成油气分离器压力过低，导致液位上升，天然气管线进油。

处理方法：

（1）维修或更换液位调节机构。

（2）维修或更换出油阀门。

（3）关小天然气出口阀门或关闭放空阀门。

（4）检查并处理管线或容器漏失处。

3. 油气分离器压力过高的原因及处理方法

故障原因：

（1）出气阀门开度过小造成分离器压力过高。

（2）天然气管线堵塞造成分离器压力过高。

（3）出油阀门卡死造成分离器压力过高。

（4）浮漂连杆机构失灵无法调节液位造成分离器压力过高。

（5）来液量太大造成分离器压力过高。

处理方法：

（1）调节出气阀门开度加大气体外输量。

（2）检查并疏通天然气管线使气体外输正常。

（3）维修或更换出油阀门保证液位在正常范围。

（4）检修或更换浮漂连杆机构。

（5）控制来液量。当来液量增加较快时，可打开旁通阀门或启动备用分离器。

4. 油气分离器液位过低的原因及处理方法

故障原因：

（1）油气分离器出口阀门开度过大造成液位过低。

（2）来液量不足未及时控制出口阀门造成液位过低。

（3）油气分离器液位调节机构失灵无法控制液位造成液位过低。

（4）出气阀门开得过小，气体输不出去导致气压高造成液位过低。

（5）排污阀门不严或油气分离器有漏。

处理方法：

（1）调节出口阀门开度控制液位在正常值。

（2）增大来液或减少外输量保证液位在正常值运行。

（3）维修或更换液位调节机构。

（4）开大出气阀门降低油气分离器内的压力使液位恢复正常值。

（5）关闭排污阀门或检修油气分离器堵漏。

5. 油气分离器出油管线窜气的故障及处理方法

故障原因：

（1）分离器出液阀门开度过大导致液位过低造成出油管线窜气。

（2）来液量不足导致液位过低造成出油管线窜气。

（3）油气分离器液位调节机构失灵导致液位过低造成出油管线窜气。

（4）出气阀门开度过小气体外输量减少导致压力过高造成出油管线窜气。

（5）天然气管线堵塞导致压力过高造成出油管线窜气。

（6）来液量含气量多导致压力过高造成出油管线窜气。

处理方法：

（1）调节出液阀门开度控制液位。

（2）增大来液量。

（3）维修或更换液位调节机构。

（4）调节出气阀门开度降低分离器内压力。

（5）检查并疏通天然气管线。

（6）控制来液量。当来液量增加较快时，可打开旁通阀门或启运备用分离器。

6. 油气分离器液位过高的原因及处理方法

故障原因：

（1）油气分离器出口阀门开度过小或出口管线堵塞造成液位过高。

（2）来液量过大造成液位过高。

（3）油气分离器液位调节机构失灵或气出口阀门开得过大造成液位过高。

处理方法：

（1）调节出口阀门开度，疏通出口管线。

（2）开大出口阀门调整处理量。

（3）维修或更换液位调节机构，关小气出口阀门。

四合一❶、五合一❷装置常见故障

1. 四合一装置油、水室液位异常的原因及处理方法

故障现象：

（1）水室液位低、油室液位高。

---

❶ 四合一：分离、加热、缓冲、沉降合一设备。

❷ 五合一：分离、加热、缓冲、沉降、电脱水合一设备。

（2）油、水室液位都低于正常值。

故障原因：

（1）液位计误差大。

（2）停电造成液位无显示。

（3）来液量突然增加或减少。

（4）油、水室隔板或沉降段隔板腐蚀穿孔，形成连通。

（5）油、水室排污阀门均未关严形成连通。

（6）掺水量突然增大或外输量变化过大。

（7）误操作或操作不平稳。

处理方法：

（1）校验更换液位计。

（2）查明原因，恢复液位计供电。

（3）关小供液泵出口，降低来液量，开大外输泵出口，提高处理量，降低油室液位。

（4）按操作规程停运容器并检修容器。

（5）检查关闭所有排污阀。

（6）查明原因及时调整外输量、掺水量。

（7）提高安全意识，加强技能学习平稳操作。

2. 四合一装置压力突然升高，安全阀动作的故障及处理方法

故障原因：

（1）来液量突然增大或来液含气量增大。

（2）压力显示仪表失灵。

（3）气出口调节阀门故障。

（4）气管线充油造成堵塞。

（5）站内突然停电，未及时控制。

（6）误操作造成憋压。

处理方法：

（1）来液量突然增大或来液含气量增大的处理方法。

① 如果液位正常，压力增大，侧身手动开大气出口阀门。

② 如果液位高，压力大，手动开大放水调节阀的旁通阀门。

③ 与相关岗位联系，控制好上游来液量，使压力控制在合理范围内。

（2）查明原因恢复正常压力值，或更换校验合格的压力仪表。

（3）如果是气出口调节阀的故障，侧身打开气出口调节阀的直通阀门，关闭调节阀前后控制阀门，然后处理调节阀门的故障。

（4）如气管线充油，开大放水阀门或油出口阀门，降低液位，打开气出口放空，放净气管线内原油。

（5）如果站内停电，侧身打开四合一装置进出口连通，倒通故障流程；或投用备用四合一装置，查明原因，恢复生产。

（6）提高安全意识，加强技能学习防止误操作。

3. 五合一装置电脱水段送不上电的原因及处理方法

故障现象：

送电时电流高，电压低，当继续调节调整旋钮时，控制柜跳闸，并报警。

故障原因：

（1）控制柜可控硅烧坏。

（2）控制柜集成电路板烧坏。

（3）脱水变压器内变压器油过脏，不绝缘。

（4）脱水变压器故障。

（5）污水系统回收老化油集中进入脱水段致使"五合一"脱水段破乳效果不好，有絮状杂物附着在绝缘挂板上，使极板间导电。

（6）加药系统不正常。未加药或破乳剂与来液不配伍或破乳剂加入量不够。

处理方法：

（1）更换控制柜可控硅。

（2）更换控制柜集成电路板。

（3）更换脱水变压器内变压器油，检查或更换脱水变压器高压引线。

（4）检修脱水变压器。

（5）平稳回收污水系统原油，按操作规程停运五合一装置，清罐合格后清除五合一脱水段内绝缘挂板及电极间的杂物。

（6）检查并处理加药系统，保证加药正常，调整破乳剂使之符合要求，增加破乳剂的加入量。

4. 五合一装置油水界面异常形成混层的原因及处理方法

故障现象：

（1）五合一装置运行过程中，油室不进油。

（2）水室排出的为油水混合物，含油严重超标。

（3）脱水段油水界面过低。

故障原因：

由于污水处理后回收的老化油稳定性强，不易破乳，进入五合一装置后在油水界面处形成过渡带，当过渡带累积一定程度后就会占据脱水段的水相空间，当达到脱水段排水出口时，过渡带混液会进入水室堰管内，由于过渡带混液密度比水轻，起不到平衡压力的作用，净化油无法从收油槽进入油室，就会造成油室不进油，净化油从水出口排出。

处理方法：

（1）将水出口调节控制阀更改为手动控制，并将其关闭，提高水室液位。

（2）当水室液位升至超过脱水段水出口堰管高度时，水室内的水从脱水段水室堰管返回脱水段内，致使混油通过压力平衡进入油室；将油出口调节阀改为手动控制。

（3）当油出口出油后，对油出口应加密做样，当含水超 0.3% 时，可将油出口倒进故障流程。

（4）当脱水段内的油水界面达到 1.5m 左右时，将水出口调节阀手动控制打开，使水室内的污水缓慢排出。

（5）五合一混层处理完毕，当五合一油室正常进油，水室液位正常后，将五合一全部投运自动控制。

5. 五合一装置气管线进油的故障及处理方法

故障现象：

（1）压力低、液位高。

（2）气管线温度高。

（3）严重时加热炉冒黑烟，炉膛内有流淌火焰。

故障原因：

（1）系统压力控制过低，油无法进入缓冲罐内，使油室液位快速升高，进入气管线内，严重时进入加热炉供气管线内。

（2）油室液位控制过高，油进入气管线内。

（3）油室液位计失灵。

（4）油出口自动调节阀失灵。

（5）自动控制系统失灵。

处理方法：

（1）关闭气平衡控制阀。

（2）按操作规程启动收油泵，对除油器进行收油。

（3）立即查明原因，根据具体原因采取相应的处理措施。

① 系统压力低、油室液位高：关小气出口，开大油出口阀，降低油室液位。

② 液位计失灵：开大油出口阀，降低油室液位，维修液位计。

③ 油出口自动调节阀失灵：开大油出口直通阀门，关闭调节阀的前后控制阀门，降低油室液位，维修自动调节阀。

（4）如油进入燃气管线内，应及时停炉，对燃气管线放空，清理加热炉供气管线内的油。

（5）自动控制系统失灵，开大油出口直通阀门，降低油室液位，检查自动控制系统。

站库应急处置

1. 转油站在双侧电同时运行时，发生单侧电源停电的应急处置方法

处理方法：

（1）值班人员进入泵房将所停泵的出口阀门关闭。

（2）在配电室的配电柜上将停电一侧的进户电源刀闸拉下，并断开所有电器开关。

（3）侧身合上母联，合上停电一侧所有电器开关。

（4）按启泵操作规程重新启泵，启泵后检查运行情况是否正常。

（5）填写记录。

2. 转油站在双侧电同时运行时，发生双侧电源全部停电的应急处置方法

处理方法：

首先通知矿调度室，汇报本站双排电全部停电，询问停电原因与停电时间，如果确定是长时间停电，申请倒混输。

（1）关闭所有泵出口阀门，关闭加热炉炉火。

（2）观察容器液位变化情况。

（3）接到矿调度通知允许倒混输指令后，打开本站混输阀门。

（4）关闭三相分离器进口阀门、沉降水出口阀门。

（5）填写记录并汇报领导，做好来电时恢复生产的各项准备工作。

3. 泵房油气泄漏事故的应急处置方法

处理方法：

（1）如果泵房发生原油大量泄漏，应立即汇报矿调度申请倒混输。

（2）在值班室内切断泵房内所有电源。

（3）关闭进出泵房的油、气管线阀门。

（4）打开泵房门窗通风。

（5）得到调度允许后，倒混输。

（6）立即组织人员进入事故现场，处理渗漏、清理跑油。

（7）事故处理完毕，通知矿调度并按调度指令倒回正常输油流程。

（8）填写记录汇报领导。

4. 电气设备着火事故的应急处置方法

处理方法：

（1）立即将相关设备的电源切断，汇报领导，然后组织人员进行灭火。

（2）对可能带电的电气设备，应使用干粉灭火器或二氧化碳灭火器灭火。

（3）对已断开的电源开关或变压器在使用干粉灭火器、二氧化碳灭火器不能扑灭时，可用泡沫灭火器或消防砂灭火。

（4）清理现场做好记录汇报领导。

5. 配电盘母联烧断着火事故的应急处置方法

处理方法：

（1）断开配电盘两侧的闸刀。

（2）用二氧化碳灭火器或干粉灭火器灭火。

（3）打开室内的通风系统。

（4）通知矿调度室，申请电工处理事故。

（5）停泵并关闭相应机泵的出口阀门，必要时申请倒混输流程。

（6）待事故处理完毕后，重新合上配电盘两侧的闸刀，使配电盘供电正常运行恢复生产。

（7）清理现场做好记录汇报领导。

6. 外输油管线穿孔事故的应急处置方法

处理方法：

（1）岗位员工发现外输油管线穿孔、爆裂后，立即停外输泵并向本队值班干部或矿调度汇报。

（2）倒事故流程，控制泄漏。通知上、下游相关岗位注意压力、液位、温度变化。

（3）泄漏源得到控制后，进行放空扫线处理，清除故障管线周围 5m 以内可燃物体，达到动火条件，等待对穿孔或爆裂管线进行焊接修补或更换新管线。

（4）如果泄漏量大，无法控制时，员工立即撤离到安全地带，如发生人员中毒或伤亡，拨打 120 电话进行急救。

（5）清理现场做好记录汇报领导。

7. 外输气管线穿孔（跑油）事故的应急处置方法

处理方法：

（1）立即汇报矿调度及队干部，关闭外输气阀门。

（2）关闭自耗气阀门，如烧火间已着火，用干粉灭火器灭火。

（3）抽低分离器液位，收净除油器内的油。

（4）对外输气、自耗气管线进行扫线，倒通外输气流程恢复生产。

（5）按操作规程点炉。

（6）清理现场做好记录汇报领导。

8. 加热炉烧火间着火事故的应急处置方法

处理方法：

（1）关闭站内自耗气供气阀并汇报领导。

（2）用干粉灭火器灭火。

（3）如果是气管线跑油造成的，要查找原因并进行处理，打开放空阀放净管线内的油。

（4）如果是火管破裂造成的，应立即停炉进行补焊，故障处理完毕后，按操作规程重新启用加热炉。

（5）清理现场做好记录汇报领导。

9. 油罐着火事故的应急处置方法

处理方法：

（1）油罐着火后，立即汇报领导，启动储罐泡沫灭火系统，对着火油罐进行泡沫覆盖灭火，同时启动消防水系统对着火油罐和相邻油罐进行喷淋冷却，并切断油罐周围照明灯具等电源。

（2）当中间的油罐着火时，四周喷水喷泡沫，周围相邻油罐喷相邻那半面的水，不喷泡沫。小油罐着火时喷相邻大油罐，火焰呈圆柱形时抽吸灭火，周围用消防器材灭火，用完泡沫后需用清水冲洗隔离层，防止腐蚀。

（3）若着火油罐罐内油品液面较高，在罐底油温低于 70℃ 以下和着火油罐火势得到有效控制时，可将相邻油罐停运，将着火油罐内的油品倒出，倒油过程判断倒油温度不高于

70℃，并在罐下极限高度停止倒油，并根据着火油罐火势控制情况决定是否对相邻油罐油品进行倒出操作。

（4）对油罐中央排水口的排污系统出入口进行封闭。若拱顶罐着火，应封闭拱顶罐机械呼吸阀、液压安全阀、检尺孔。

（5）若着火油罐有发生爆炸的可能，立即将现场人员及设备撤离到安全区域，防止火势扩散并监护灭火，保护周边油罐安全。

（6）灭火后，清理现场做好记录汇报领导。

10. 二合一加热炉冒罐事故的应急处置方法

处理方法：

（1）关闭二合一加热炉进口阀门，关小其他二合一加热炉出口阀门，开大冒罐的二合一加热炉出口阀门，加大出水量，当液位降到合理范围内，打开关闭的二合一加热炉进口阀门，调整所有二合一加热炉出口阀门开度。

（2）检查掺水泵运行情况是否出现异常，并恢复正常。

（3）检查二合一加热炉调节阀是否失灵，用除锈剂进行局部活动、除锈或对杠杆轴进行润滑。

（4）清理现场做好记录并汇报领导。

11. 三相分离器冒罐事故的应急处置方法

处理方法：

（1）三相分离器发生冒罐时，立即加大外输泵排量，开大放水阀门降低液位。

（2）如果是外输油泵偷停、进出口阀门闸板脱落或过滤器堵塞，倒备用泵，处理故障。

（3）如果是外输流量计过滤器堵塞或被杂物卡住，倒直通阀门或倒备用流量计，清理过滤器。

（4）如果是三相分离器油、水出口阀门闸板脱落，倒备用三相分离器并进行紧急处理。

（5）事故处理完毕后，清理现场做好记录汇报领导。

12. 污水回收池着火事故的应急处置方法

处理方法：

（1）发现起火后，立即汇报领导。

（2）关闭污水回收池进口阀门，切断进液流程。

（3）组织人员用泡沫灭火器进行灭火，防止火势蔓延或扩大。

（4）当火势扑灭后，倒回原有流程，清理现场，做好记录，汇报领导。

第五部分

油气田水处理

压力过滤罐常见故障

1. 压力过滤罐过滤效果差的原因及处理方法

故障现象：

（1）过滤罐出口水样浑浊。

（2）水质化验含油和悬浮物超标。

故障原因：

（1）化验药品超过使用期限、化验仪器超过检定期限或操作时人为误差，使水质化验有误。

（2）由于压力过滤罐使用时间过长或滤料失效等原因，造成反冲洗周期过长，已不能满足生产要求。

（3）压力过滤罐来水温度低或来水中含油黏稠，在滤层顶部结油帽。

（4）压力过滤罐反冲洗操作时，反冲洗强度小或反冲洗时间短。

（5）未定期对滤料进行清洗、更换，造成滤层结垢或滤料被油污染。

（6）由于长时间使用或水流的浸泡冲击，造成压力过滤罐内的格栅损坏，使滤料流失。

（7）上游来水水质不达标，造成压力过滤罐来水含油高。

处理方法：

（1）与水质化验人员取得联系，检查化验药品和仪器是否合格。

（2）进行水质化验数据收集，制订相应的水质变化曲线，掌握水质变化规律，合理确定反冲洗周期。

（3）提高压力过滤罐的来水温度，使反冲洗水温得到提高。

（4）按反冲洗要求的强度冲洗，并保证冲洗一定的时间。

（5）清洗滤料，洗液浓度按设计方案配制，浸泡时间应视滤料结垢或被污染的状况而定，若清洗无效，则需要更换滤料。

（6）及时检查和检修滤罐内格栅，滤料流失严重的过滤罐应补充滤料。

（7）做好上游脱水站（放水站）的联系工作，检查来水含油情况，来水含油多要加强前段工序处理。

2. 压力过滤罐压力超高的故障及处理方法

故障原因：

（1）倒换流程时，压力过滤罐出口阀门没打开或开度过小。

（2）压力过滤罐反冲洗时间短、强度小或次数少，造成滤层堵塞。

（3）上游水质处理不合格，造成压力过滤罐滤前来水水质严重超标。

（4）负荷过重。

处理方法：

（1）打开压力过滤罐出口阀门，调整压力过滤罐出口阀门开度。

（2）打开压力过滤罐的放空阀门进行泄压解堵，增加反冲洗时间、强度和次数，并适量投加助洗剂，减少堵塞情况的发生。

（3）化验滤前来水，水质严重超标时，及时和上游联系，控制来水水质指标使其在合格范围内，并加强沉降罐收油。

（4）根据压力过滤罐压力调整负荷量。

3. 压力过滤罐人孔渗漏故障及处理方法

故障现象：

（1）人孔处有液体渗出。

（2）压力过滤罐壁有碱印。

故障原因：

（1）由于长时间使用或压力的冲击等原因，使人孔垫子损坏。

（2）压力过滤罐出口阀门未开造成憋压。

（3）压力过滤罐人孔法兰处紧固螺栓松动。

处理方法：

（1）按操作规程停运压力过滤罐，排污泄压后更换人孔垫子。

（2）检查流程，倒通正确流程。

（3）定期对压力过滤罐各部螺栓进行检查，确保螺栓的紧固。

4. 压力过滤罐冻堵故障及处理方法

故障现象：

（1）流程倒通后压力过滤罐不进水。

（2）压力过滤罐进口管线压力值过高。

（3）升压泵出口压力高，声音异常，泵体振动。

故障原因：

（1）反冲洗周期长、反冲洗时间短、反冲洗强度低等情况，造成滤料污染堵塞严重。

（2）操作时，流程切换错误导致管线冻堵。

（3）压力过滤罐进、出口阀门闸板脱落或卡住，过滤罐走水不畅时间过长造成冻堵。

处理方法：

（1）按操作规程停运过滤罐，对滤料进行清洗或更换。制订合理的反冲洗周期，按要求的反冲洗时间与反冲洗强度冲洗滤料。

（2）检查流程，倒通正确流程，对压力过滤罐进行解冻、解堵。

（3）停产更换进、出口阀门，解冻解堵后投用。

5. 压力过滤罐安全阀动作故障及处理方法

故障现象：

（1）安全阀鸣叫。

（2）安全阀出口流出液体。

故障原因：

（1）安全阀整定压力低。

（2）安全阀弹簧损坏。

（3）系统压力高，超过安全阀标准定压力。

处理方法：

（1）安全阀整定压力低，由校验站重新定压达到合格。

（2）安全阀弹簧损坏，由校验站重新更换弹簧或更换安全阀。

（3）调整系统压力达到正常运行压力。

① 岗位员工发现安全阀动作后，立即向队值班干部汇报。

② 控制容器进口阀门来降低系统压力。如果液位还继续升高，打开容器底部的紧急排污阀。打围堰，控制污水四溢，便于回收。得到有效控制后，组织人员用抽油罐车、撇油器回收泄漏的原油及油泥。回收的原油用密闭罐车、油泥用防渗编织袋装运到污油回收站实施处理。

③ 若是由于罐出口阀闸板脱落引起安全阀动作，应立即停用一组过滤罐，并更换或检修出口阀。

④ 电动阀失灵时改手动控制流程。

6. 压力过滤罐反冲洗操作故障及处理方法

故障现象：

反冲洗阀门打不开或关不上。

故障原因：

（1）反冲洗操作时，自控系统故障导致反冲洗阀门打不开或关不上。

（2）反冲洗操作时，阀杆断、阀芯脱落或阀芯被异物卡住等导致反冲洗阀门打不开或关不上。

处理方法：

（1）自控系统故障导致反冲洗阀门打不开或关不上时，倒手动反冲洗，并通知仪表工迅速修复自控系统。

（2）阀杆断、阀芯脱落或阀芯被异物卡住导致反冲洗阀门打不开或关不上时，倒流程，更换或修复阀门。

7. 压力过滤罐液位计失灵故障及处理方法

故障现象：

值班室压力过滤罐液位计显示与人工检测数值不符。

故障原因：

（1）一次仪表与二次仪表传感器信号异常。

（2）罐间压力变送器损坏。

（3）压力过滤罐浮球失灵，不能自由升降，出现误差。

处理方法：

（1）通知仪表班上站修理一次仪表与二次仪表传感器。

（2）通知仪表班上站修理罐间压力变送器。

（3）维修或更换压力过滤罐浮球。

8. 压力过滤罐反冲洗电动阀失灵的故障及处理方法

故障原因：

（1）电源系统发生故障。

（2）反冲洗电动阀启动开关失灵。

（3）反冲洗电动阀内部电路故障。

处理方法：

应立即停止反冲洗操作，并手动关闭电动阀，倒回正常流程。

（1）检修电源系统。

（2）检修反冲洗电动阀启动开关。

（3）检修反冲洗电动阀内部电路故障。

9. 压力过滤罐电动阀门关不严的故障及处理方法

故障现象：

（1）电动阀关闭后，管线中仍有水流声。

（2）过滤罐反冲洗完毕后，回收水池（罐）液位仍然上涨。

故障原因：

（1）电动阀行程控制器未调整好。

（2）蝶形弹簧调整过松，扭矩太小或背帽掉落，引起电动阀不能关闭。

（3）闸板槽内有杂物，接触面磨损，使电动阀不能完全关闭。

处理方法：

（1）调整电动阀行程控制器，将行程控制在正常范围。

（2）调整蝶形弹簧扭矩或检查紧固背帽。

（3）清除闸板槽内杂物。

污水沉降罐常见故障

1. 污水沉降罐回收污油时收不到油的故障及处理方法

故障现象：

（1）污水沉降罐收油阀门已经打开，但收油罐液位没有升高。

（2）收油泵放空时放出的是水而没有油。

（3）收油泵抽空。

故障原因：

（1）污水沉降罐的液位未达到集油槽的高度，使污油无法进入集油槽。

（2）污水沉降罐的油水界面超过集油槽，污水进入集油槽中。

（3）仪表故障导致假液位，污水沉降罐回收污油时收不到油。

处理方法：

（1）提高污水沉降罐液位高度，使沉降罐油层保持在高于集油槽 4～5cm。

（2）增大升压泵排量，降低沉降罐液位高度，使沉降罐油层保持在高于集油槽 4～5cm。

（3）进行人工检尺，确定并控制好液位高度，维修故障仪表。

2. 污水沉降罐溢流故障及处理方法

故障现象：

（1）污水沉降罐液位计显示数值超过正常生产数值。

（2）污水沉降罐溢流管线有污水溢出的声音。

（3）在未进行反冲洗操作情况下，回收水池（罐）液位上涨迅速。

故障原因：

（1）污水沉降罐上游脱水站（放水站）来水量过大。

（2）污水沉降罐进口阀门开度大，出口阀门开度小，进出不均衡。

（3）升压缓冲罐进口阀门开度小，使沉降罐出水不畅。

（4）提升液位过高，收油后未及时降液位，造成液位持续上升。

处理方法：

（1）通知上游脱水站（放水站）减少来液量。

（2）检查流程，开大沉降罐出口阀门。

（3）检查流程，开大升压缓冲罐进口阀门。

（4）收油后将沉降罐液位恢复至正常生产液位。

3. 污水沉降罐出水水质超标的原因及处理方法

水质超标的现象：

（1）污水沉降罐出水含油和悬浮物明显超标。

（2）污水沉降罐出水颜色发黑。

水质超标的原因：

（1）未及时进行收油，使沉降罐内的油层过厚，导致出水含油超标。

（2）未及时排泥，使污水沉降罐底部积泥区存泥较多，接近或淹没出水口，使出水水质变差，悬浮物含量过高。

（3）上游脱水站（放水站）来水水质超标。

处理方法：

（1）定期进行收油操作，保证沉降罐内的油层厚度在规定范围内，从而降低出水含油。

（2）缩短排泥周期，延长排泥时间。

（3）对上游脱水站（放水站）来水水质进行化验，及时和上游联系，使来水水质在合格范围内。

4. 污水沉降罐排泥系统故障及处理方法

故障现象：

污水沉降罐出水含油和悬浮物明显超标，出水颜色发黑。

故障原因：

（1）来水水质悬浮物超标，污水沉降罐内水质差，造成底部积泥区存泥较多。

（2）加热盘管进、出口阀门损坏，导致罐内液体温度低，排泥不畅。

处理方法：

（1）缩短排泥周期，延长排泥时间。来水水质不应超标，保证污水沉降分离的效果。

（2）更换加热盘管进、出口阀门，提高罐内液体温度，保证排泥畅通。

5. 除油罐投产常见故障及处理方法

故障现象：

（1）除油罐中心筒严重变形。

（2）除油罐溢流。

故障原因：

（1）预投产的除油罐出口阀未关，另一满负荷罐的水进入预投产的罐将中心筒挤压严重变形。停产放空时先排放中心反应筒内的水，正常生产过程中与中心反应筒相连的排污阀未关闭或阀门有故障，反应筒外部液位高于内部液位。

（2）仪表故障导致假液位；人为因素或故障导致进、出口阀开度相差太大，进水量大于出水量，液位上升很快，造成溢流；滤罐进口阀控制得过多或出口阀门故障，使除油罐出水不畅，进水量大于出水量；滤罐滤料层堵塞严重，过滤阻力很大，相当于除油罐出水不畅。

处理方法：

（1）投产前必须进行周密检查，关严除油罐出口阀；停产放空时先排放中心反应筒外的水，正常生产过程中与中心反应筒相连的排污阀一定要关闭，避免反应筒外部液位高于内部液位。

（2）注意检查溢流管，发现溢流，上罐测量液位，将除油罐液位控制在安全高度，通知仪表工迅速修复仪表；调整阀门或排除阀门故障使进出水量平衡；开大滤罐进口阀；对滤罐进行反冲洗，与上游岗位协调减少除油罐进口来水量。

外输罐、升压罐常见故障

1. 外输罐液位过低的原因及处理方法

故障原因：

（1）仪表故障导致假液位，外输罐实际液位低于仪表显示液位。

（2）生产控制过程中，未及时调整外输泵出口阀门开度。

处理方法：

（1）上罐检尺，确定实际液位，提升液位高度，检修仪表故障。

（2）关小外输泵出口阀门开度或停运外输泵提升液位。

2. 外输污水罐溢流或冒罐故障及处理方法

故障现象：

（1）外输污水罐液位计显示数值超过正常生产数值。

（2）外输污水罐溢流管线有污水溢出的声音。

（3）在未进行反冲洗操作情况下，回收水池（罐）液位上涨迅速。

故障原因：

（1）外输罐出口阀门开度小。

（2）外输泵发生故障。

（3）仪表故障导致假液位，外输罐实际液位高于仪表显示液位。

（4）生产控制过程中，未及时调整外输泵运行参数。

处理方法：

（1）开大外输罐出口阀门，提高外输泵排量或启动备用泵降低液位。

（2）启动备用外输泵，抢修故障泵，保证外输泵的备用台数。

（3）降低液位，及时汇报，检修仪表故障。

（4）岗位员工应做到对生产运行参数勤检查、勤分析、勤调整。

3. 升压缓冲罐发生溢流或冒罐故障及处理方法

故障现象：

（1）升压缓冲罐液位计显示数值超过正常生产数值。

（2）升压缓冲罐溢流管线有污水溢出的声音。

（3）回收水池（罐）在过滤罐未进行反冲洗操作的情况下，液位上涨。

故障原因：

（1）沉降罐来水量过多，超过升压缓冲罐出水水量。

（2）升压泵出口阀门开度小、阀门损坏或下游用水量过小。

（3）升压泵发生故障。

（4）仪表故障，导致假液位。

（5）生产控制过程中，升压泵运行参数调整不当。

处理方法：

（1）降低液位，通知上游脱水站（放水站）减少来液量。

（2）开大升压泵出口阀门或通知下游加大用水量，降低液位，若阀门损坏及时更换。

（3）启动备用升压泵，立即抢修故障泵，保证升压泵的备用台数。

（4）及时汇报，检修仪表故障。

（5）岗位员工应做到对生产运行参数勤检查、勤分析、勤调整。

回收油系统常见故障

1. 收油泵抽空故障及处理方法

故障现象：

（1）收油泵声音异常，泵体振动。

（2）收油泵出口压力表压力归零，电流表数值降低。

（3）启动收油泵收油时，污油流量计无流量显示。

故障原因：

（1）收油泵进液端密封不严或漏气，导致泵内进气，造成收油泵抽空。

（2）收油泵进口阀门、进口管线堵塞或过滤器堵塞等，造成收油泵抽空。

（3）仪表故障导致假液位，罐实际液位值低于仪表显示液位。

处理方法：

（1）紧固收油泵进液端密封螺栓，处理收油泵进液端漏气。

（2）倒通备用流程，清除收油泵进口阀门、进口管线或过滤器堵塞物。

（3）上罐检尺，确定实际液位，提升液位高度，检修仪表故障。

2. 收油罐容积小，收油负荷大易冒罐的原因及处理方法

故障原因：

（1）由于收油罐容积小，收油阀门开得过大，导致收油罐进油过快，严重时产生冒罐。

（2）收油泵排量过小，进液量大于出液量。

（3）污水站来水含油高，使污水沉降罐中沉降出的污油过快过多，增大收油负荷。

处理方法：

（1）关小收油阀门，使收油罐平稳进液。

（2）开大收油泵排量，使收油罐进、出液量趋于平衡。

（3）降低脱水站来水的含油量，减小收油罐的负荷。

3. 收油罐泄漏故障及处理方法

故障原因：

（1）收油罐的罐壁由于老化及受到液体的侵蚀，产生腐蚀穿孔，造成液体泄漏。

（2）收油罐法兰处密封垫、圈老化断裂，造成液体泄漏。

处理方法：

（1）发现污油泄漏后，判断事故原因，汇报值班干部。

（2）罐壁腐蚀造成的穿孔或密封垫、圈老化断裂，降低液位后打开罐底排污阀，清扫置换，经安全部门检测合格后进行补焊或者更换密封垫和密封圈。

（3）及时对泄漏污油进行回收，污油泄漏区域必须由专人看守，禁止无关人员或车辆靠近。

4. 收油操作故障及处理方法

故障现象：

（1）收油罐溢流或冒罐跑油。

（2）收油时没收到油。

故障原因：

（1）仪表故障导致假液位，收油阀未关严或收油阀阀芯被杂物卡住。

（2）仪表故障导致假液位，液位不准。

处理方法：

（1）上收油罐测量液位，将收油罐液位控制在安全高度，检修仪表故障；严密监视收油

罐液位；及时关严收油阀或维修收油阀门。

（2）上罐测量液位，将大罐液位控制在收油槽的高度，检修仪表故障。

5. 回收水池（罐）发生跑冒故障及处理方法

故障现象：

回收水池（罐）液位迅速上升，跑油跑水。

故障原因：

（1）各储罐液位溢流至回收水池。

（2）回收水泵发生故障，未能及时发现。

（3）反冲洗时，回收水池（罐）内液位过高，未及时发现。

（4）反冲洗水量大。

（5）反冲洗出口阀不严或损坏。

（6）仪表故障导致假液位。

处理方法：

（1）启动回收水泵，降低回收水池（罐）内液位，相应提高运行泵排量，降低储罐液位高度，保证储罐液位在正常范围内。

（2）启动备用回收水泵，停运故障回收水泵，及时进行维修。

（3）停止反冲洗，降低回收水池（罐）内液位。反冲洗前应检查回收水池液位。

（4）停止反冲洗，降低回收水池（罐）内液位。不能两个罐同时反冲洗，避免水量过大。

（5）停运对应压力过滤罐，维修或更换反冲洗出口阀门。

（6）启动回收水泵，降低回收水池（罐）内液位，进行人工检尺，检修仪表故障。

其他故障

1. 横向流聚结除油器憋压的原因及处理方法

故障现象：

聚结除油器出口压力高或进、出口压差过大。

故障原因：

（1）来水量过大，超过聚结除油器设计流量。

（2）设备内部堵塞。

（3）出口阀门开度小。

处理方法：

（1）联系上游岗位减少来水量。

（2）对设备进行排污，解决堵塞问题。

（3）开大聚结除油器出口阀门。

2. 紫外线杀菌装置故障及处理方法

故障现象：

（1）紫外线杀菌装置灯管运行时未亮。

（2）紫外线杀菌装置内有水渗出。

（3）过滤器前后压差增大。

故障原因：

（1）配电柜与灯管连接处虚接或灯管损坏，导致紫外线杀菌装置灯管未亮。

（2）石英套管断裂、漏水。

（3）过滤器堵塞或破损。

处理方法：

（1）切断电源，维修配电柜与灯管连接虚接处或更换灯管。

（2）倒通旁通流程，关闭紫外线杀菌装置前后的切断阀门，放空后对石英套管断裂、漏水处进行处理。

（3）清除过滤器内的淤积物，维修、更换过滤器滤网。提高滤后污水水质。

3. 射流气浮装置憋压的原因及处理方法

故障现象：

射流气浮装置压力升高。

故障原因：

（1）射流气浮装置喷嘴堵塞，产生憋压。

（2）稳压罐阀门开度小。

（3）过滤器堵塞。

处理方法：

（1）停运射流气浮装置，处理喷嘴堵塞。

（2）调整稳压罐阀门开度，使压力降低。

（3）停运射流气浮装置，清理过滤器。

4. 加药设备故障及处理方法

故障现象：

储药罐液位没有变化。

故障原因：

（1）加药泵内进入气体。

（2）加药箱出口过滤器堵塞或损坏。

（3）加药泵吸入阀、排出阀关闭不严。

（4）加药点处加药阀未开，流程未倒通。

处理方法：

（1）打开加药泵放空阀放净泵内气体。

（2）停运加药泵，清除加药箱出口过滤器杂物或更换过滤网。

（3）停运加药泵，清除吸入阀和排出阀处的杂物或更换阀球。

（4）打开加药点处加药阀门，倒通加药流程。

5. 配电盘操作故障及处理方法

故障现象：

跳闸或配电盘有焦糊味甚至冒烟。

故障原因：

（1）超负荷运行、机械故障等造成过载，小动物进入造成短路，产生跳闸。

（2）连接松动，元器件腐蚀老化产生氧化层。

处理方法：

（1）降低负荷、消除机械故障，密封门窗和电缆沟防止小动物进入。

（2）紧固松动部位，打磨清除氧化层或更换元器件。

第六部分

注　水　站

高压注水电动机常见故障

1. 高压注水电动机不能启动原因及处理方法

故障原因:

（1）电动机电源电压不在规定范围内。

（2）电动机电源控制开关未接通或虚接。

（3）电动机电缆接线头松动，熔断器熔断。

（4）交直流操作电压过低。

（5）各种保护装置出现故障。

（6）高压注水机泵的低油压、低水压保护动作。

（7）电动机启动按钮失灵。

（8）定子绕组有接地、断相或短路现象。

（9）电动机过载保护动作。

处理方法:

（1）与变电所取得联系，调整电源电压。

（2）重新合闸送电。

（3）打开电动机接线盒，检查电缆接线头是否松动、熔断，重新接线，上紧螺栓，查出熔断相并重新更换。

（4）更换直流蓄电池。

（5）排除保护装置故障，并按技术要求重新调整。

（6）将润滑油和冷却水压力调整到规定范围。

（7）修复或更换电动机启动按钮。

（8）用兆欧表和万用表测量定子绕组是否接地、断相或短路，排除相应故障。

（9）盘泵，检查机泵有无卡阻、过载，转动是否灵活，查找电动机过载保护动作原因，进行处理。

2. 高压注水电动机启动时"嗡嗡"响，转不起来的原因及处理方法

故障原因:

（1）电动机缺相运行。

（2）熔断器一相熔断。

（3）电源电压过低。

（4）电动机气隙间隙改变，使转子和定子相刮研。

（5）定子线圈断线，使电流减小，启动扭矩降低。

处理方法:

（1）检查电源，使三相电压平衡。

（2）更换熔断器。

（3）检查电源电压，使其在规定范围内。

（4）检修电动机，使各间隙合格。

（5）检修或更换定子线圈。

3. 高压注水电动机运行时温度过高的原因及处理方法

故障原因：

（1）电源电压过低或三相电压不平衡。

（2）电动机缺相运行。

（3）电动机超负荷运行。

（4）电动机周围环境温度过高。

（5）电动机冷却风道堵塞，冷却循环不畅。

（6）电动机接线错误。

（7）轴承损坏，转子扫膛。

（8）电动机质量不好。

处理方法：

（1）调整电源三相电压，使之达到规定要求。

（2）检查更换熔断器，紧固电源及电动机接线电缆头。

（3）及时调整泵的排量，减少电动机负荷。

（4）开窗通风，降低温度。

（5）清除冷却风道灰尘、杂物和油垢。

（6）调整电动机接线方式。

（7）检查更换电动机轴承。

（8）更换电动机。

4. 高压注水电动机运行中电流突然上升的原因及处理方法

故障原因：

（1）系统内电源电压波动。

（2）调节排量时，出口阀门开得过大，电动机超载运行。

（3）泵体内口环或平衡盘磨损严重。

（4）填料压得过紧或偏斜。

（5）轴承损坏，出现过热抱轴现象。

（6）电动机单相运行。

（7）相连系统内的其他注水站停产或管线穿孔，造成排量增大。

（8）注水井洗井，用水量增大。

处理方法：

（1）与变电所取得联系，查找原因予以排除，并根据具体情况决定是否停机。

（2）立即控制出口阀门的开启度，降低泵的排量。

（3）监测泵内声音，如有摩擦、扫膛等异常声响，应立即停机检修。

（4）调整填料松紧度。

（5）监测轴承声音，或用手背触摸轴承温度，如有异常，应停机检修。

（6）如电动机声音发闷，转速下降，应停机检修。

（7）检查干线有无穿孔，控制好外输量。

（8）和有关单位联系，了解情况，适当调整。

5. 高压注水电动机运行时，声音异常的原因及处理方法

故障原因：

（1）电源电压急剧下降或升高，波动异常。

（2）电动机缺相运行或定子绕组一相断路。

（3）定子绕组匝间短路。

（4）电动机转子扫膛。

（5）润滑油油质不好或严重缺油，出现烧瓦抱轴现象。

（6）电动机散热不好。

（7）联轴器连接螺栓松动。

（8）地脚螺栓或其他连接螺栓松动。

处理方法：

（1）与变电所取得联系，查找电压波动的原因，并及时采取措施。

（2）立即停机检查，并向有关部门汇报。

（3）查找缺相和断路、短路原因，并及时采取措施。

（4）调整转子与定子之间的间隙。

（5）清洗轴瓦，更换、过滤润滑油，保证油路畅通。

（6）清除风道油污、杂物，调节冷却水量。

（7）更换联轴器减振胶圈，紧固联轴器连接螺栓。

（8）紧固机组各部位螺栓。

6. 运行中的电动机突然振动大、冒烟的原因及处理方法

故障原因：

（1）轴承缺油与轴发生研磨，抱轴，造成振动和冒烟。

（2）由于轴承磨损，转子下沉，使电动机扫膛，振动大或摩擦冒烟。

（3）电动机机芯温度过高，使吸入电动机内的油污自燃起火。

（4）电动机保护失灵，过流保护未动作，造成定子线圈高温着火。

处理方法：

（1）立即停机，切断电源，检查轴承缺油的原因并加注润滑油。

（2）及时向有关单位汇报，检修电动机。

（3）若发现冒烟着火应立即用灭火机灭火。

（4）检查电动机保护失灵的原因，重新调试电动机保护使其达到灵活好用。

高压离心式注水泵常见故障

1. 高压离心式注水泵启动后电流过大的原因及处理方法

故障原因：

（1）离心泵出口阀门开得过大，没有及时调整，使泵压力过低，排量超过铭牌规定太多，偏离工况点太多。

（2）密封填料压得太紧。

（3）电源电压过低，不在规定范围内。

（4）电动机与泵严重不同心，振动严重。

（5）泵内转子和定子部件摩擦严重。

（6）轴承磨损严重。

（7）卸压套或平衡盘径向间隙过小，偏摆过大，运转中磨损。

（8）泵或电动机窜动量过大，轴瓦端面研磨。

（9）泵内口环等配合间隙过小或定子部分不同心。

（10）泵轴刚性太差，弯曲变形。

（11）转子抬量（指转子空间位置）过高或过低，与定子摩擦严重。

处理方法：

（1）在不停泵的情况下，调整出口阀门开启度，使泵在正常工况下运行。

（2）调整密封填料压盖，紧固螺栓，使漏失量达到规定要求。

（3）与供电单位及生产调度联系，调整电源电压或开泵台数。

（4）重新进行找正，机泵同心度一般不小于 0.06mm。

（5）检查定子与转子有无变形损坏等。

（6）检查或更换轴瓦、轴承。

（7）调整卸压套和平衡盘的径向间隙，检修或更换平衡盘。

（8）调整电动机或泵的窜动量，检修调整轴瓦抬量与间隙。

（9）重新检修调整口环、叶轮的配合间隙。

（10）检修更换泵轴。

（11）重新找好转子抬量。

2. 高压离心式注水泵启动后泵压高、电流低的原因及处理方法

故障原因：

（1）泵出口阀门没打开或闸板脱落。

（2）泵出口止回阀卡死。

（3）注水干线压力过高。

（4）排出管线冻结或其他故障。

（5）泵压表、电流表指示失灵。

处理方法：

（1）检修或更换泵出口阀门。

（2）检修或更换泵出口止回阀。

（3）及时汇报有关部门，调整干线压力在合理范围内。

（4）组织人员解堵处理故障。

（5）使用校验合格的泵压表、电流表。

3. 高压离心式注水泵启泵后达不到额定排量的原因及处理方法

故障原因：

（1）开泵台数太多，来水不足或大罐液位过低。

（2）泵前过滤器或流量计堵塞，造成来水不畅通。

（3）供水管直径太小，阻力过大。

（4）罐内积砂太多，造成进口管路堵塞。

（5）泵叶轮有堵塞现象或叶轮导翼损坏。

（6）泵口环与叶轮、挡套、衬磨套的间隙过大。

（7）注水干线管网压力过高。

（8）流量计损坏或指示不准。

处理方法：

（1）调整开泵台数，提高大罐液位保证供水量。

（2）拆洗泵前过滤器滤网及流量计清除堵塞物。

（3）更换大直径的来水管线。

（4）清理进口管线和大罐底部淤砂。

（5）检查处理叶轮堵塞，更换叶轮或导翼。

（6）对泵进行三保。

（7）调整干线压力。

（8）校验或更换流量计。

4. 高压离心式注水泵启泵后泵压达不到额定要求的原因及处理方法

故障原因：

（1）几台泵并联运行互相干扰，或进口总汇管管径太小。

（2）级间密封失效，窜漏量过大，泵容积损失过大。

（3）泵内过流部件粗糙，液流水头损失过大。

（4）压力表损坏或指示不准。

（5）出口阀门开得过大。

处理方法：

（1）减少开泵台数，或更换来水管线。

（2）对泵进行解体检查，更换损坏的密封附件。

（3）打磨、清理过流部件。

（4）校验或更换合格的压力表。

（5）适当调整出口阀门的开启度。

5. 高压离心式注水泵启动后发热的原因及处理方法

故障现象：

整体发热，后部温度比前部温度略高；泵前段温度明显高于后段；泵体不热，平衡机构尾盖和平衡管发热；密封填料处发热。

故障原因：

（1）由于启动后出口阀门未打开，轴功率全部变成了热能。

（2）由于启动前空气未排净，启动时出口阀门开得过快或大罐水位过低，泵出现抽空汽化。

（3）由于平衡机构失灵或未打开而造成平衡盘与平衡套发生严重研磨。

（4）密封填料未加好或压得过紧，也可能是密封填料漏气发生干磨所致。

处理方法：

（1）平稳打开泵的出口阀门，控制好泵压和排量。

（2）立即停泵，提高并控制好大罐液位，排净泵内空气后重新启动，控制好泵压和排量。

（3）立即停泵，检修平衡机构。

（4）调整密封填料松紧度或停机重新加密封填料，控制好密封填料泄漏量，并确保冷却水畅通。

6. 高压离心式注水泵启泵后，泵在运行中有异常响声的原因及处理方法

故障现象：

噪声很大，振动也加大；泵内传出无多大变化的"嚓嚓"的摩擦声；泵内出现敲击声。

故障原因：

（1）电动机电流下降，电流表指针摆动，泵压表指针摆动大并且下降，排量降低，这是汽蚀现象。

（2）如果泵内各项运行参数正常，表明叶轮与导翼或中段等发生轻微的摩擦。

（3）泵压变化不大而电动机电流增大或波动，这是由于启动未按操作规程进行，或是其他原因引起定子、转子间出现撞击或严重摩擦，致使口环、衬套脱落，此时应立即停机。

处理方法：

（1）采取提高吸入压力和逐渐控制排量的措施，直到异常响声消失为止，情况严重时要立即停泵。

（2）若各项运行参数正常，可以继续运行，响声在运行一段时间后自行消失。

（3）立即停机，由专业维修人员进行维修保养。

7. 高压离心式注水泵密封填料发热的原因及处理方法

故障原因：

（1）密封填料加得过紧或压盖压得过紧。

（2）密封填料冷却水不通。

（3）密封圈堵塞了冷却水通道。

（4）密封填料压盖压偏，与轴套或背帽相摩擦。

处理方法：

（1）合理调整密封填料松紧度。

（2）检修冷却水泵、冷却水管路，确保冷却水畅通。

（3）调整或更换密封圈，确保冷却水畅通。

（4）正确安装密封填料压盖。

8. 高压离心式注水泵振动的原因及处理方法

故障原因：

（1）机泵不同心或联轴器减振弹性胶圈损坏，连接螺栓松动。

（2）轴承轴瓦磨损严重，间隙过大。

（3）泵轴弯曲。

（4）叶轮损坏，转子不平衡。

（5）平衡盘严重磨损，轴向推力过大。

（6）注水泵地脚螺栓松动。

（7）注水泵内发生汽化、汽蚀抽空等。

（8）注水泵排量控制得过大或过小。

处理方法：

（1）检查调整机泵同心度，更换联轴器减振弹性胶圈，紧固联轴器连接螺栓。

（2）检修调整轴瓦间隙或更换新瓦。

（3）检修校正弯曲的泵轴。

（4）更换叶轮，进行转子的平衡试验并找平衡。

（5）研磨平衡盘磨损面或更换平衡机构。

（6）紧固注水泵地脚螺栓。

（7）控制好大罐液位，清除进口管线、过滤器及叶轮流道内的堵塞物，放净泵内的气体，消除汽蚀抽空。

（8）将注水泵控制在合理的工作点运行。

9. 高压离心式注水泵泵压忽然下降的原因及处理方法

故障原因：

（1）大罐液位低，泵吸入压力不够。

（2）口环与叶轮、挡套与衬套或平衡机构严重磨损，间隙过大。

（3）泵压指示不准或损坏。

（4）输送介质温度过高，产生汽化。

（5）进口管线及过滤器堵塞，进水量不足。

（6）电源频率低，电动机转数不够。

（7）注水干线管网严重漏失。

（8）系统相关的其他注水站突然停泵。

处理方法：

（1）调整来水量，提高大罐液位。

（2）停泵检修注水泵，更换磨损严重的零部件，或调整其间隙。

（3）校验更换泵压表。

（4）降低输送介质温度。

（5）清除管线和过滤器内的堵塞物。

（6）与供电单位联系，查明原因，消除故障点，恢复正常供电。

（7）汇报上级相关部门，组织巡线，及时堵漏，恢复正常注水。

（8）与有关单位联系，合理调整参数。

10. 高压注水干线压力（管压）突然下降的原因及处理方法

故障原因：

（1）注水设备本身故障或其他注水站停产，流量减少或注水泵汽蚀。

（2）管线破裂、穿孔、控制阀门损坏、刺漏等。

（3）新的配水间投产，阀门开得过大。

处理方法：

（1）认真检查注水设备的运行情况、出口阀门的开启度、供电情况等。

（2）巡查注水管线和工艺附属设备有无刺水，发现跑水要立即汇报，组织抢修，保证正常注水。

（3）和相关单位联系，检查并调整配水间和单井配水量。

11. 高压离心式注水泵机组轴瓦向外窜油的原因及处理方法

故障原因：

（1）分油压阀门开得过大使进瓦润滑油压力过高，超过了规定值。

（2）泵机组上、下轴瓦盖紧固螺栓松动。

（3）泵机组上、下轴瓦盖未加密封胶或未加好。

（4）回油不畅，有堵塞现象。

（5）挡油环密封不好。

（6）转子和轴瓦间隙过大。

处理方法：

（1）调整总油压和分油压至规定范围。

（2）紧固上、下瓦盖紧固螺栓。

（3）重新加装密封胶。

（4）疏通清理回油管路，清除堵塞。

（5）调整或更换挡油密封。

（6）调整转子和轴瓦间隙。

12. 高压离心式注水泵汽蚀的现象原因及处理方法

故障现象：

泵体振动和噪声明显增大；注水泵出口压力下降，压力表指针剧烈摆动；电流下降且电流表指针剧烈摆动。

故障原因：

（1）大罐液位过低（一般低于 4.0m），供水不足。

（2）大罐出口阀门开得过小或闸板脱落，注水泵进口管线或泵前过滤器被沉砂或其他杂物堵塞，导致泵吸入摩擦阻力过大。

（3）注水泵进口管段的阀门及法兰连接处、泵吸入端密封处等密封不严，有空气进入，使泵抽空。

（4）供水水温过高，饱和蒸气压降低，使水中的气体析出，使其汽化。

（5）注水泵排量控制得过大，使注水泵偏离工作点太多。

处理方法：

（1）提高大罐水位，保证注水泵正常的吸入压力和吸入水量。

（2）检查并开大罐出口阀、注水泵进口阀门，停泵处理或更换阀门，检查清洗过滤器，清除进口管线和叶轮进口处的堵塞物。

（3）检查清除注水泵进口阀门、法兰各连接处及泵吸入端泄漏点。

（4）水温过高时，可采取补充清水的方法进行降温。

（5）合理调整注水泵的压力和排量。

（6）注水泵发生严重汽蚀时，必须紧急停泵，查找原因，及时处理。

13. 高压离心式注水泵机组运行时，轴瓦温度过高的原因及处理方法

故障原因：

（1）供给机组的润滑油，润滑不良，润滑油含水、变质、含杂质过高，加油过多或缺油。

（2）轴瓦残缺，轴承或轴瓦内有杂质。

（3）带油环卡死。

（4）轴瓦偏斜或轴弯曲变形。

（5）轴承盖螺栓过紧、轴瓦与轴接触不良，发生摩擦。

（6）电动机转子窜动量过大，电动机安装不合格。

处理方法：

（1）补充、减少或更换润滑油，调整润滑油压力，疏通油路，含水过多时要及时对润滑油进行过滤。

（2）检查轴瓦重新研磨，清洗轴瓦，调整轴瓦间隙。

（3）检查调整或更换带油环。

（4）检查调整轴承盖螺栓松紧、轴颈与轴瓦的间隙。

（5）检查轴弯曲度和轴承偏斜，及时修理调整。

（6）重新调整转子轴窜动量和安装电动机。

14. 高压离心式注水泵密封填料处刺出高压水的原因及处理方法

故障原因：

（1）泵后段转子上的叶轮、挡套、平衡盘、卸压套和轴套端面不平，磨损严重，造成不密封，使高压水窜入，且"O"形橡胶密封圈同时损坏，最后高压水从轴套中刺出。

（2）轴两端的反扣锁紧螺母没有锁紧，或锁紧螺栓倒扣，轴向力将轴上的部件密封面拉开，造成间隙窜渗。

（3）填料压盖压偏，压盖与轴套摩擦发热，使轴套膨胀变形拉伸或压缩轴上部件，冷却

后轴套收缩，轴上部件间产生间隙窜渗。

（4）轴套表面磨损严重，填料质量差、规格不合适或加入方法不对。

处理方法：

（1）检修或更换转子端面磨损的部件，更换"O"形橡胶密封圈。

（2）重新上紧或更换轴两端的反扣锁紧螺母。

（3）更换表面磨损严重的轴套，选用符合技术要求的填料，按正确的方法，重新填加。

15. 高压离心式注水泵，泵轴窜量过大的原因及处理方法

故障原因：

（1）定子或转子级间积累误差过大，装上平衡盘后，没有进行适当的调整就投入运行。

（2）转子反扣锁紧螺母没有拧紧，在运行中松动倒扣。

（3）平衡盘或平衡套材质差，磨损较快，也会使窜量变大。

处理方法：

（1）停泵后，用缩短平衡盘前面长度或平衡套背面加垫子的方法来调整。

（2）停泵后，紧固好转子锁紧螺母。

（3）停泵后，检修或更换平衡盘。

16. 高压离心式注水泵停泵后泵盘不动的原因及处理方法

故障原因：

（1）对清水污水混注的泵，多为结垢严重、间隙过小。

（2）泵运转时间长，配件有破碎现象，卡死泵轴。

（3）操作不合理平衡盘咬死。

（4）泵轴弯曲变形。

处理方法：

（1）对泵进行解体检查，清洗污垢。

（2）检修更换内部零部件。

（3）检修或更换平衡盘。

（4）检修或更换泵轴。

17. 高压离心式注水泵平衡管压力过高的原因及处理方法

故障原因：

（1）平衡机构磨损严重，平衡机构间隙调整不合理。

（2）卸压套或安装套磨损。

（3）平衡管结垢。

（4）平衡管压力表损坏。

处理方法：

（1）检修更换平衡机构。

（2）更换磨损严重的零部件。

（3）清除平衡管内污垢。

（4）校验或更换平衡管压力表。

18. 高压离心式注水泵停泵后，机泵倒转的故障及处理方法

故障原因：

（1）停泵后，没有及时关闭注水泵出口阀门，高压水倒流。

（2）停泵后，注水泵止回阀不严，干线中的高压水返回，冲击泵的叶轮，造成反转。

处理方法：

（1）立即关闭泵的出口阀门。

（2）检修止回阀。

19. 高压离心式注水泵停机组烧瓦事故处理方法

故障现象：

轴瓦温度急剧上升、冒烟；电动机负荷增大、电流升高；振动过大，声音异常。

故障原因：

（1）润滑油油压过低，供油不足。

（2）润滑油路堵塞，造成轴瓦干磨。

（3）电动机振动，轴瓦间隙过小。

（4）润滑油油质不好，含水或杂质过多，润滑效果不好。

（5）机泵不同心，轴弯曲。

（6）轴瓦质量不好或刮研不合格。

处理方法：

立即停机，联系机修厂组织人员进行修理。

预防措施：

（1）注意调整油压，保证足够的供油量。

（2）调整间隙，减少电动机振动。

（3）定期检查油路，清理油箱。

（4）定期用滤油机对润滑油进行过滤或及时更换。

20. 高压离心式注水泵进口过滤器、水表堵塞的原因及处理方法

故障现象：

泵进口压力降低、泵流量变小或泵吸不上水，电流低；水表无流量、低水压保护动作；泵内噪声增大，泵发热。

故障原因：

（1）注入水中含杂质或油过多，造成过滤器、水表堵塞。

（2）清水、污水混注形成菌膜，将泵进口过滤网和水表堵塞。

处理方法：

（1）加强水质处理，加强水质化验，保证水的质量。

（2）选用密闭流程或加药，控制好氧菌的生长繁殖。

21. 注水站突然停电的故障及处理方法

故障原因：

（1）供电线路故障。

（2）变电所误操作或设备故障。

（3）天气原因导致线路或变电所供电中断。

处理方法：

（1）迅速关闭注水泵出口阀门。

（2）关闭储水罐来水阀门。

（3）控制好储水罐的液位。

（4）及时向上级部门汇报。

（5）如冬季停电时间长，要做好扫线防冻工作。

（6）做好记录，并做好启泵前的准备工作。

稀油站常见故障

1. 稀油站压力过高的原因及处理方法

故障现象：

总油压表压力高；轴瓦看窗油位升高；轴瓦温度升高；轴瓦及供油管路有渗油现象。

故障原因：

（1）油压表不准或损坏。

（2）回油调节阀门闸板脱落或自动关闭。

（3）回油调节阀门开得过小，回油量过少。

（4）循环油路管线堵塞。

（5）多台泵运行时，停泵没有合理调整润滑油压力。

处理方法：

（1）更换压力表。

（2）检修或更换回油阀门。

（3）开大回油调节阀门。

（4）清理油管线。

（5）机泵停运后，应及时合理调整运行机组的润滑油压力。

2. 润滑油泵打不起压力的原因及处理方法

故障原因：

（1）油箱液位低，吸不上油或吸气太多。

（2）吸油管路、法兰等处漏气严重。

（3）泵体漏气，不密封。

（4）齿轮泵装配不合理，上油管脱落；离心泵叶轮装反或两侧盖板间隙过大。

（5）叶轮、侧盖板磨损，间隙过大。

（6）电动机与泵脱离或油泵反转。

（7）回流阀门开得过大或安全阀失灵造成回油量过大。

处理方法：

（1）补充润滑油，使油箱液位保持在 1/2～2/3 的位置。

（2）检修油泵的吸入管路。

（3）检修油泵达到密封完好。

（4）重新组装油泵。

（5）检修或更换配件。

（6）重新连接泵与电动机，更换联轴器，调整电动机的接线相序。

（7）调整回流阀门，控制好总油压，或更换安全阀。

3. 润滑油进水原因及处理方法

故障现象：

在油箱下部放空观察有大量水和水珠；油品颜色呈乳白色，产生大量气泡；润滑油进水量大，轴瓦润滑不好，温度升高；油箱油位上升。

故障原因：

（1）注水泵轴套"O"形密封圈损坏，从轴套向外刺水，进入轴瓦内造成润滑油进水。

（2）注水泵填料漏失量过大，填料盒泄水孔堵死，水浸过泵轴的半径，通过轴与轴瓦外壳的配合间隙进入轴瓦内使润滑油进水。

（3）冷却器内冷却管穿孔或垫子刺漏，造成润滑油进水。

（4）环境温度变化，在轴瓦油盒等处冷凝出水，进入润滑油。

处理方法：

（1）更换轴套"O"形密封圈。

（2）更换填料，调整合适，疏通泄水孔。

（3）检修冷却器。

（4）投运滤油机，过滤润滑油，进水严重时更换润滑油。

4. 板框式滤油机跑油的原因及处理方法

故障原因：

（1）滤油机内滤纸没放好，孔眼没对正，造成管路不畅通。

（2）油中杂质或含水太多，滤纸损坏堵塞油路。

（3）滤油管线破损或接头渗漏。

（4）滤网堵塞。

（5）调节阀或浮球开关故障。

处理方法：

（1）对正滤纸孔眼。

（2）清除堵塞物及时更换滤纸。

（3）接好滤油机管线接头或更换滤油管。

（4）清理滤网杂物。

（5）检修调节阀或浮球开关。

5. 润滑油箱跑油事故处理方法

故障原因：

（1）油加得过多，当停产后，系统里的油回流到油箱，造成油箱跑油。

（2）稀油站冷却器穿孔，且总油压低于冷却水压力时，冷却水窜入油箱，造成跑油。

（3）密封填料刺水或泄漏量较大，密封盒堵塞，大量的水随着轴的转动进入轴瓦，与润滑油一起回流到油箱，使油位上升，造成跑油。

（4）天气原因雨水较多，渗入油池后，浸入油箱。

处理方法：

（1）机泵运转正常后，即使油箱液位有轻微下降，在不影响运行的情况下，不要再加润滑油，防止停产后润滑油回流到油箱，造成跑油。

（2）冷却器穿孔应立即更换，平时应使冷却水压力低于总油压，防止冷却器穿孔后冷却水渗入油中。

（3）调整密封泄漏量或停泵重新加密封填料，保证密封盒下泄水管畅通。

（4）密封所有套管环形空间，防止雨水渗入油池。

阀门常见故障

1. 阀门关不严的原因及处理方法

故障原因：

（1）阀门接触面之间有脏物。

（2）阀门接触面磨损。

（3）阀门阀体底部有沉积脏物。

处理方法：

（1）清除阀门接触面脏物。

（2）检修研磨阀门接触面，严重者更换。

（3）抽出阀芯，清除杂物。

2. 阀门丝杠转动不灵活的原因及处理方法

故障原因：

（1）填料压得过紧。

（2）阀杆上的螺纹损坏或被卡住。

（3）阀杆锈蚀严重。

（4）阀杆弯曲。

处理方法：

（1）调整压盖螺栓或取出部分填料，重新拧好螺栓。

（2）需要更换零件或修理螺纹。

（3）清除阀杆上的锈蚀。

（4）应更换阀杆或校直阀杆。

3. 阀门无法开关的原因及处理方法

故障原因：

（1）阀杆丝杠与阀杆螺母之间有杂物或啮合不好。

（2）阀杆与阀瓣脱离。

（3）阀杆与阀杆螺母锈蚀。

（4）阀板侧面受力太大。

（5）填料压得过紧。

处理方法：

（1）经常消除丝杠与阀杆螺母间杂物并进行润滑。

（2）解体阀门，检修处理。

（3）防止阀杆与螺母间锈蚀，对外露阀杆处要涂油防腐。

（4）阀板侧面受压过大打不开，应降压开关，如有旁通的可先打开旁通再开关阀门。

（5）填料的压紧程度要适当。

高压柱塞泵常见故障

1. 高压柱塞泵振动过大的原因及处理方法

故障原因：

（1）曲轴轴向窜动过大。

（2）柱塞连接卡子松动。

（3）曲轴箱内部故障。

处理方法：

（1）检查曲轴轴向窜动间隙，调整垫片厚度使之达到技术规范要求。

（2）调整紧固柱塞连接部件，达到规定技术要求。

（3）由维修人员检查维修。

2. 高压柱塞泵漏水的原因及处理方法

故障原因：

（1）柱塞泵密封填料破损。

（2）柱塞泵的各焊接处有开裂。

（3）柱塞泵的连接螺栓松动。

处理方法：

（1）重新加密封填料。

（2）对柱塞泵各焊接部位重新进行修复或更换。

（3）紧固柱塞泵的连接螺栓。

3. 高压柱塞泵吸不上液的原因及处理方法

故障原因：

（1）大罐液位过低。

（2）吸入管路堵塞或未排空。

（3）阀、吸入管或填料筒漏气。

（4）吸入或排出活门卡住。

（5）旁通阀未关。

处理方法：

（1）提高大罐液位。

（2）清理吸入管路或排空。

（3）检修及更换阀和密封垫，检修吸入管或更换填料调整压盖。

（4）拆开检修吸入或排出活门。

（5）关小或关闭旁通阀。

4. 高压柱塞泵流量不足的原因及处理方法

故障原因：

（1）吸入管或填料筒漏气。

（2）活门不严。

（3）活门与泵缸间隙过大，活塞环严重磨损。

（4）旁通阀未关严。

（5）吸入管部分堵塞。

处理方法：

（1）检修吸入管路或更换填料。

（2）检修活门。

（3）检修活塞环。

（4）关严旁通阀。

（5）清理吸入管路。

5. 高压柱塞泵在运转中有噪声及振动的原因及处理方法

故障原因：

（1）曲轴箱油面过低。

（2）油中有空气。

（3）储能器内没有气体。

（4）活塞螺母松脱或活塞环损坏。

（5）泵内吸入固体物质。

（6）连接件松动。

处理方法：

（1）检查曲轴箱油位。

（2）排除空气。

（3）检查调整储能器。

（4）检修活塞组件。

（5）检修泵缸。

（6）拧紧连接件。

6. 高压柱塞泵的电动机电流过大的原因及处理方法

故障原因：

（1）排出管有堵塞现象。

（2）填料压得太紧。

（3）活塞组与泵缸间隙太小。

（4）润滑油黏度太大。

（5）润滑不良。

处理方法：

（1）清理排出管路。

（2）适当调整填料松紧度。

（3）检查调整间隙。

（4）将润滑油加温。

（5）检查润滑部位，加足润滑油或润滑脂。

第七部分

注 聚 站

1. 注聚泵无流量的故障原因及处理方法

故障原因：

（1）注聚泵母液进口过滤器堵塞，母液无法通过过滤器进入注聚泵导致注聚泵无流量。

（2）母液球阀未打开或管路中有严重的漏失，母液输送线路不通，导致注聚泵无流量。

（3）注聚泵进口阀或出口阀损坏，虽然柱塞运动，但母液进不到泵阀内，导致注聚泵输出压力降低，泵内无流量。

（4）母液储罐抽空，导致注聚泵内无流量。

（5）因设定压力过低或故障原因，安全阀开启，使母液从安全阀处泄漏，引起注聚泵内无流量。

（6）注聚泵连通阀开启或严重漏失，导致母液形成无效循环，泵内无流量。

处理方法：

（1）对于过滤器堵塞导致的注聚泵无流量，应清理疏通过滤器。

（2）检查母液阀应处于开启状态，对于管路中的漏失故障及时处理。

（3）对于进口阀、出口阀损坏导致的注聚泵无流量，应修理更换进口阀、出口阀。

（4）母液储罐抽空时，应及时停泵，同时通知配制站增大供液。

（5）合理设定安全阀开启压力，按期校对安全阀，保证安全阀性能可靠。

（6）检查连通阀，运转过程中连通阀应处于关闭状态，对于漏失的连通阀应及时更换。

2. 注聚泵噪声过大的原因及处理方法

故障原因：

（1）泵内有空气，母液无法充满泵腔，不能对柱塞产生足够的润滑，导致噪声增大。

（2）储罐液位过低，吸液管堵塞，使泵的吸液阻力增大，最终导致泵吸空，噪声增大。

（3）曲轴间隙调整不合格或基础不牢地脚螺栓松动，泵产生振动，导致噪声增大。

（4）电动机与泵的皮带轮四点不一线，导致噪声增大。

（5）注入液黏度过大，导致泵的负荷增大引起噪声过大。

处理方法：

（1）泵内有空气时，打开泵的出口放空阀门，排净气体。

（2）提高供液储罐液位，清洗过滤器，疏通进液管道，保证平稳供液。

（3）调整曲轴间隙，加固基础，紧固地脚螺栓。

（4）检查调整机泵皮带的四点一线。

（5）对于母液黏度过大，应提高供液温度，降低供液黏度。

3. 注聚泵曲轴箱有异常响声的原因及处理方法

故障原因：

（1）十字头磨损严重，间隙大及十字头套子磨损严重，配合不好引起异响。

（2）轴瓦（轴承）磨损严重、间隙过大。

（3）润滑油润滑不良或润滑油乳化变质，导致干磨引起异响。

（4）曲轴间隙过小、温度升高造成箱体过热，引发异响。

处理方法：

（1）更换十字头或十字头套子。

（2）更换轴瓦（轴承）。

（3）润滑油过少需补加润滑油，对于变质润滑油需及时更换。

（4）调整曲轴间隙合适。

4. 注聚泵的动力端出现异响的原因及处理方法

故障原因：

（1）连杆螺栓松动，使柱塞动力传导异常，导致异响。

（2）连杆大头磨损，与方卡子之间有间隙，在运转过程中出现异响。

（3）十字头衬套磨损产生间隙，运转中产生异响。

（4）十字头与柱塞相连的方卡子松动，运转过程产生异响。

（5）运转机构的其他零件松动或损坏，运转中产生异响。

处理方法：

（1）紧固连杆螺栓。

（2）连杆大头磨损严重需及时更换。

（3）更换磨损严重的十字头衬套。

（4）紧固十字头与柱塞相连的方卡子。

（5）紧固或更换运转机构的其他零件。

5. 注聚泵排出压力达不到要求的原因及处理方法

故障原因：

（1）工作腔内有脏物或泵阀组件有损坏，注聚泵工作效率变差，排出压力达不到要求。

（2）注聚泵出口处的缓冲器工作异常，缺氮气。

（3）密封填料漏失量过大，压力从密封填料处泄出导致压力达不到要求。

（4）注聚泵的转速过低，导致注聚泵的压力达不到要求。

（5）柱塞磨损严重，导致注聚泵的压力达不到要求。

（6）泵液力端处的密封圈过小或磨损严重，漏气导致注聚泵的压力达不到要求。

（7）泵液力端处的进、出口阀损坏，导致注聚泵的压力达不到要求。

（8）注聚泵的连通阀关不严，导致注聚泵的压力达不到要求。

处理方法：

（1）检查清洗或更换泵阀组件。

（2）检查缓冲器工作情况，必要时充注氮气或更换。

（3）检查密封填料漏失量，调整或更换密封填料。

（4）调整注聚泵的转速，使注聚泵的压力达到要求。

（5）更换磨损柱塞。

（6）更换合适的密封圈。

（7）更换进、出口阀。

（8）维修或更换注聚泵的连通阀。

6. 注聚泵变频上的电流表指针摆动大的故障原因及处理方法

故障现象：

变频上的电流表大幅摆动，注聚泵出口压力大幅下降。

故障原因：

（1）注聚泵进口或出口阀损坏。

（2）曲轴和十字头磨损严重。

（3）轴瓦（轴承）磨损严重。

处理方法：

（1）更换注聚泵进口或出口阀。

（2）更换曲轴和十字头。

（3）更换轴瓦（轴承）。

7. 注聚泵烧皮带的原因及处理方法

故障现象：

注聚岗位中，注聚泵在运转过程中，由于各种因素导致皮带磨损加剧，在现场有时可闻到皮带处有胶皮烧焦的味道，严重时皮带断裂，导致泵停止运行。

故障原因：

（1）皮带质量差，无法承受高转速运动的摩擦。

（2）皮带轮加工质量差，表面不光滑，加大了皮带的磨损。

（3）机组安装质量差，电动机皮带轮与泵的皮带轮端面不在同一平面。

（4）泵负载过大，导致皮带磨损严重。

处理方法：

（1）因为注聚泵皮带在运转中高速旋转，需选用合适材质的传动皮带。

（2）提高皮带轮的加工精度，防止皮带轮对皮带造成伤害。

（3）提高机组安装质量，保证皮带四点一线。

（4）查找泵负载过大的原因并处理，保证机泵在合理负载范围内运行。

8. 注聚井单井压力突然下降故障原因及处理方法

故障原因：

（1）注聚泵发生故障，排量减少或泵抽空导致泵压下降。

（2）注入站内阀门、法兰垫子损坏或管线断裂、腐蚀穿孔等造成跑液，使注入压力突然下降。

（3）单井管线穿孔，使注入压力突然下降。

（4）井口放空阀门未关。

（5）注水井网突然停泵或穿孔发生泄漏。

处理方法：

（1）检查机泵应运行正常，如进口吸液及出口排液情况应正常。

（2）查找站内管线、各阀门垫子有无刺、漏现象，管线漏要及时堵漏，对于刺、漏的法兰垫子及时更换。

（3）如站内无异常现象，应立即汇报，组织人员进行巡线，如发现管线漏失量大，应立即停泵，对管线补焊，避免事故扩大。

（4）关闭井口放空阀门。

（5）汇报并联系注水泵站，保证注水井网压力稳定。

9. 注入站泵房发生泄漏的原因及处理方法

故障原因：

（1）管线穿孔

（2）泵密封填料刺漏。

（3）母液储罐冒罐。

（4）泵进口软管脱落。

（5）误操作造成憋压。

处理方法：

（1）组织人员堵漏。

（2）更换密封填料。

（3）通知上游配制站，调整来液量，降低储罐液位。

（4）更换并固定泵进口软管。

（5）提高安全意识，加强技能学习，防止误操作。

10. 注聚泵泄漏母液的原因及处理方法

故障原因：

（1）泵密封质量差导致泄漏。

（2）密封填料磨损严重，母液从密封填料密封处泄漏。

（3）液力端前压盖螺栓松或断，导致母液泄漏。

（4）维修过程中出现误操作。

处理方法：

（1）选用质量好的密封材质。

（2）对于密封填料磨损导致的严重漏失要及时更换新密封填料。

（3）紧固或更换新的液力端前压盖螺栓。

（4）提高安全意识，加强技能学习，防止误操作。

11. 注聚泵密封填料漏失量过大的原因及处理方法

故障现象：

漏失量过大会导致泵的出口压力降低，流量下降，泵缸及泵体周围有大量的漏失母液。

故障原因：

（1）密封填料压盖偏斜未压正或松脱，使密封填料密封性变差导致漏失量加大。

（2）密封填料切口在同一方向，或加得过少密封效果不好导致漏失量过大。

（3）密封填料磨损密封性变差，导致漏失量过大。

（4）密封填料的规格不合适，达不到密封效果，母液从密封填料处泄出。

（5）柱塞损坏。

处理方法：

（1）首先均匀调整压盖螺栓，如果紧不住，应立即倒泵，关闭泵进、出口阀门，打开放空，更换新密封填料。

（2）对于密封填料填加不合格或磨损应重新填加，对于填加量过少的情况应补加，填加时密封填料切口应错开 120°～180°，密封填料压盖松紧合适，漏失量在合理的范围内为宜。

（3）柱塞损坏时更换柱塞。

12. 注聚泵的轴承温度升高的原因及处理方法

故障原因：

（1）润滑油过少导致润滑不良造成温度升高。

（2）轴瓦（轴承）磨损造成温度升高。

（3）曲轴磨损引起温度升高。

（4）润滑油内有杂质或变质失效散热不良导致温度升高。

处理方法：

（1）润滑油过少应适量添加润滑油。

（2）更换轴瓦（轴承）。

（3）更换曲轴。

（4）润滑油有杂质或变质失效应重新更换润滑油。

13. 造成注聚泵压力表指针波动的原因及处理方法

故障原因：

（1）管路压力波动大，泵的排量运行不平稳。

（2）泵产生汽蚀，气体压缩导致压力发生波动。

（3）机泵振动大，传导至压力表，使压力表振动加大，造成指针波动。

（4）压力表齿轮、游丝损坏，导致回程误差增大，造成指针波动。

处理方法：

（1）调整控制泵出口排量达到平稳运行。

（2）如泵产生汽蚀，打开放空阀门，排净泵内气体解除汽蚀。

（3）维修机泵减轻振动。

（4）对于损坏的压力表要及时更换或更换防振压力表。

14. 注聚泵无法启动故障原因及处理方法

故障原因：

（1）机组电源刀闸未闭合，导致机组无法启动。

（2）电源保险未安装或损坏，导致电路不通机组无法启动。

（3）交流接触器不吸合导致无法启动。

（4）电动机热元件保护器执行保护动作后未复位导致无法启动。

（5）电动机电缆接头损坏导致无法启动。

（6）启动按钮损坏失灵导致无法启动。

（7）传送皮带断裂导致无法启动。

（8）电动机故障。

处理方法：

因电路问题导致的注聚泵无法启动，应由专业电工维修处理。

（1）合上电源刀闸后，仍未启动，应立即汇报队领导或调度，请专业电工检查维修电路或更换电器元件。

（2）传送皮带断裂应更换皮带后再启动注聚泵。

（3）如电动机故障，应由专业电工维修或更换新电动机。

15. 注聚泵密封填料发热故障原因及处理方法

故障原因：

（1）柱塞表面不光滑或磨损严重，增加与密封填料的摩擦造成密封填料发热。

（2）密封填料压得过紧或压偏，导致摩擦增大引起发热。

处理方法：

（1）用细砂纸打光轴套或更换新的轴套。

（2）及时调整密封填料，达到松紧适度。

16. 注聚泵压力突然升高的原因及处理方法

故障原因：

（1）泵出口阀门闸板脱落或未打开，造成憋压导致压力升高。

（2）泵出口单井静态混合器严重堵塞，造成憋压导致压力升高。

（3）冬季井口冻堵，管线憋压，导致注聚泵压力升高。

（4）电动机变频故障，转速增高。

处理方法：

（1）修复或更换注聚泵出口阀门。

（2）清洗消除静态混合器的堵塞故障。

（3）井口解堵，加强巡回检查，加强保温防止冻井。

（4）专业电工进行维修。

17. 注聚泵压力突然降低的原因及处理方法

故障原因：

（1）注聚泵出口穿孔严重泄漏，导致压力突然降低。

（2）泵进口过滤器堵塞，导致注聚泵内无液造成压力降低。

（3）泵的连通阀打开或关不严，导致泵压力降低。

（4）泵进口阀、出口阀损坏不工作，导致泵压力下降。

处理方法：

（1）对注聚泵出口穿孔部位进行封堵。

（2）清理泵进口过滤器。

（3）关闭泵的连通阀或维修更换。

（4）更换注聚泵进、出口阀门。

18. 聚合物母液冒罐事故原因及处理方法

故障原因：

（1）突然停电或配制站来液量高发现不及时，造成聚合物液位上升，超出母液罐的储存能力引发冒罐。

（2）注聚泵进、出口阀闸板脱落或过滤器堵塞，母液罐内的母液进入量大于排出量，导致冒罐。

（3）母液储罐出口阀闸板脱落，无法泵输出去，母液持续进罐导致冒罐。

（4）母液来液直通阀没关严，导致冒罐。

（5）母液罐液位计失灵无法真实地反映罐内液位高度，导致冒罐。

处理方法：

（1）开大注聚泵出口阀或启动备用泵。

（2）维修、更换注聚泵进、出口阀或清洗过滤器堵塞物。

（3）维修、更换母液储罐出口阀。

（4）正常运行时应将母液来液直通阀关严。

（5）维修母液罐液位计。

19. 母液罐抽空故障原因及处理方法

故障原因：

（1）母液配制站来液突然减少，发现不及时。

（2）母液罐液位计失灵，液位下降。

（3）泵进口软管脱落。

处理方法：

（1）联系配制站，提供正常给液。如配制站是正常给液，但来液少，立即停运注聚泵，组织人员巡线，查找原因并处理。

（2）联系专业人员维修母液罐液位计，液位恢复正常后，重新启泵。

（3）更换或紧固泵进口软管。

20. 母液罐人孔泄漏故障原因及处理方法

故障原因：

（1）母液罐人孔盖螺栓未对称紧固，导致无法达到密封效果发生泄漏。

（2）母液罐人孔垫子损坏造成刺漏。

处理方法：

（1）对称均匀紧固母液罐人孔盖螺栓。

（2）若人孔垫子刺漏，必须先倒直通，排空罐内液体，重新更换人孔垫子，并紧固人孔盖固定螺栓。

21. 注入站取样常见故障及处理方法

故障现象：

（1）取样阀门打不开。

（2）取样阀门打开后没有液体流出。

故障原因：

（1）取样阀阀芯与阀座锈蚀或严重结垢导致取样阀门打不开。

（2）取样阀门阀杆断或阀芯脱落。

处理方法：

（1）将取样口弯管向上固定，灌入柴油浸泡，再用手锤震动，然后用力矩较大的工具进行旋转将其拧开。

（2）倒流程更换取样阀门。

22. 三元注入站和注聚站变频器在启动和停止时发生过电流保护故障及处理方法

故障原因分析及处理：

（1）加速时间和减速时间不合适，加速时间过长容易使变频器输出的转矩长时间过低而引起启动电流过大，加速时间过短也会引起电动机在短时间内无法跟上变频器的电压和频率输出值，和工频直接启动的效果接近。处理时要根据负荷的变化来设定减速时间，单井注聚泵变频器一般加速时间设定为 $5\sim10s$，减速时间一般设定为 $5\sim15s$，根据负荷情况调整。减速期间在电动机未停止时禁止关泵出口阀门。

（2）启动转矩太小造成启动电流过大，一般是 V/f（V：电压，f：频率）曲线不合适造成，由于注聚泵是恒压输出，应选用线性 V/f 曲线，根据负荷情况适当调整 V、f 对应值以达到最佳的启动转矩。如负荷小可采用 V/f 值小一点，反之则大一点。

23. 母液执行器不动作的故障及处理方法

故障原因：

（1）母液执行器被脏物堵塞后执行器无法开关，对母液瞬时流量的控制失灵。

（2）母液执行器的传感器失灵，信号无法传输，不能对母液瞬时流量进行控制。

处理方法：

（1）对母液执行器进行冲洗，清除堵塞物。

（2）母液执行器的传感器失灵时，及时更换传感器。

24. 注聚站聚能加热装置故障及处理方法

故障原因：

（1）加热泵进口阀门或出口阀门损坏，导致聚能加热流程不通。

（2）加热泵电源开关未接通，导致无法启动。

（3）聚能加热装置中温控传感器失灵，导致装置不能正常运行。

（4）聚能加热装置中，加热模块熔断器烧断或电子板损坏导致加热装置失灵。

处理方法：

（1）维修或更换加热泵进口或出口阀门。

（2）接通电源，打开电源开关，启动聚能加热装置。

（3）维修更换温控传感器。

（4）更换聚能加热装置中加热模块熔断器，如电子板损坏则更换电子板。

25. 注聚泵温度异常的原因及处理方法

故障原因：

（1）曲轴箱油位过低。

（2）曲轴、轴瓦间隙过大。

（3）十字头轴与滑道磨损严重。

（4）十字头连杆、曲轴连接处不垂直。

（5）密封填料压盖压得过紧或压偏。

处理方法：

（1）补加曲轴箱的润滑油。

（2）调整曲轴、轴瓦间隙达到不松不旷。

（3）补加十字头轴与滑道的润滑油。

（4）调整十字头连杆、曲轴连接处使其符合标准，不大于 $0.2°$。

（5）调整密封填料压盖，松紧适度。

26. 注聚泵排量过低的原因及处理方法

故障原因：

（1）注聚泵的泵速过低导致注聚泵流量过低。

（2）柱塞规格过小导致注聚泵流量过低。

（3）泵阀密封面磨损严重，间隙过大母液大量漏失，导致注聚泵流量过低。

（4）泵阀弹簧损坏，使泵的出口阀不能回程导致注聚泵流量过低。

（5）泵阀内有杂质或空气，导致注聚泵流量过低。

（6）泵的进口过滤器堵塞。

（7）泵的连通阀没关严。

处理方法：

（1）提高变频频率或调整皮带轮。

（2）更换直径合适的柱塞。

（3）更换磨损严重的泵阀。

（4）更换损坏的泵阀弹簧。

（5）清洗泵阀内的杂质，或打开泵出口放空阀门，排净空气后关闭放空阀门。

（6）停泵，关闭进、出口阀门，清洗堵塞的进口过滤器。

（7）关严泵的连通阀。

27. 注聚泵进口软管泄漏或脱落的原因及处理方法

故障原因：

（1）注聚泵进口软管使用周期长，软管老化破裂造成母液泄漏。

（2）注聚泵进口软管过短，造成软管脱落。

（3）注聚泵进口软管固定端密封不好，母液从软管接口处发生泄漏。

（4）注聚泵进口软管固定卡子松动，软管从连接处脱落，使母液泄漏。

处理方法：

（1）更换新的注聚泵进口软管。

（2）更换长度合适的注聚泵进口软管。

（3）将高压软管取下，重新缠绕密封带并安装固定注聚泵进口软管。

（4）紧固注聚泵进口软管固定卡子保证密封性。

28. 注聚泵上的安全阀提前开启的故障原因及处理方法

故障原因：

（1）安全阀定压低于规定压力造成提前开启。

（2）弹簧松弛或腐蚀，开启压力下降，造成运行压力未达到开启压力时安全阀提前开启。

（3）安全阀质量不合格，安全阀弹簧的弹力低，导致安全阀提前开启。

处理方法：

（1）重新调整开启压力，使其等于规定压力。

（2）安全阀弹簧松弛或腐蚀时要及时更换弹簧。

（3）若介质温度较高时，应换成带散热片的安全阀。

29. 注聚泵上的安全阀不动作的故障原因及处理方法

故障原因：

（1）整定压力设置过高，高于规定压力值。

（2）阀瓣被脏物粘住或阀门通道被堵塞造成安全阀无法动作。

（3）阀门运动部件被卡死无法正常动作。

（4）安全阀被冻结，达到启动压力后无法动作。

处理方法：

（1）重新调整整定压力。

（2）清除阀瓣和阀座上的杂物。

（3）检查阀门，排除卡阻现象。

（4）对阀门采取保温和伴热措施防止安全阀冻结。

30. 注聚泵安全阀密封不严的故障原因及处理方法

故障原因：

（1）弹簧松弛或断裂。

（2）阀瓣和阀座密封面被磨损，密封面上夹有杂质。

（3）安全阀开启压力与设备工作压力太接近，使密封比压太低，造成密封面接触不良。

（4）阀门制造质量低，装配不当。

处理方法：

（1）检查更换弹簧。

（2）检查修复或更换阀瓣和阀座密封面。

（3）调整安全阀的开启压力，使其大于设备工作压力。

（4）选择质量较好的阀门。

31. 注聚井压力上升、注入量下降的原因及处理方法

故障原因：

（1）地面原因。

①地面设备影响，如流量计、压力表计数不准。②地面管线堵塞。

（2）井筒原因。

①配水器注入通道堵塞。②油管堵塞。

（3）地层原因。

① 相连通的机采井泵况变差或停产等因素造成地层压力上升，导致注入压力上升、注入量下降。

② 地层受到伤害发生堵塞，导致地层的注入能力下降。

处理方法：

（1）对于地面设备、仪器计量不准造成的故障，需及时更换流量计、压力表等计量设备；当地面管线堵塞时应对地面管线进行酸洗、投球、湍流气泡震荡除垢解堵。

（2）对于井筒管柱堵塞的井可进行反洗井解堵。

（3）地层压力上升，可根据实际需要调整注采关系。如提高相连通机采井的生产参数等。对于地层受到伤害造成的堵塞可采取压裂或酸化解堵措施。

32. 注聚井压力下降、注入量上升的原因及处理方法

故障原因：

（1）地面原因。

①地面设备影响，如流量计、压力表计数不准。②地面管线刺漏。

（2）井筒原因。

①配水器注入通道孔眼刺大。②油管漏失。③封隔器失效。

（3）地层原因。

① 相连通的机采井采取提液等因素造成地层压力下降，导致注入压力下降、注入量上升。

② 油层窜槽。

处理方法：

（1）对于地面设备、仪器计量不准造成的故障，需及时更换流量计、压力表等计量设备；当地面管线刺漏时需对管线进行补焊。

（2）对于井筒管柱原因造成的注入压力下降、注入量上升，可通过测试调配及作业换管、作业换封等方法进行处理。

（3）由于机采井提液造成的注入量上升，可根据实际需要调整注采关系。油层窜槽时可进行验窜、封窜措施。

33. 注聚站母液来液管线穿孔事故及处理方法

故障现象：

母液来液管线压力下降快，储罐液位低。母液外流造成环境污染，供液不足影响注入生产。

处理方法：

（1）立即汇报值班干部，并开始查找原因。

（2）给配制站打电话询问母液是否供液正常。

（3）如配制站供液正常，立即组织巡线找漏点。

（4）通知配制站关闭母液供液阀门。

（5）注聚站关闭母液来液阀门，停注母液。

（6）配合维修人员堵漏。

（7）修理完毕恢复母液注入。

34. 注聚站自控系统失灵故障及处理方法

故障现象：

自动控制系统无法正常工作，各单井注入量、压力变化不稳定。

处理方法：

（1）立即汇报，并投入现场手动控制。

（2）联系自动控制厂家进行维修。

（3）配合维修人员调试自动控制系统。

（4）维修完毕后，由手动倒回自控生产系统。

35. 注聚站站内母液管线穿孔事故处理方法

故障现象：

注聚站站内母液管线部分刺漏，母液向外喷出。

处理方法：

（1）立即汇报值班干部，投入现场查找漏点并进行控制。

（2）查找确定单井后，关闭该单井母液的进口阀门和出口阀门。

（3）打开注聚站门窗通风，防止中毒。

（4）如果是单泵单井流程，关闭该井的注聚泵。如果是一泵多井流程，降低变频，控制母液泵压（由于关了一口井的母液，不降低变频，压力会升高）。

（5）清理落地母液，站内人员启动排污泵排污。

（6）配合维修人员维修，堵漏。

（7）维修完毕，按操作规程倒回正常生产流程，恢复生产。

36. 注聚站双电源停电故障及处理方法

故障现象：

配电室仪表及其他各仪表无显示，无照明设备运行，自控系统不能控制，无法检测注水量，母液停注。

处理方法：

（1）汇报值班干部，通知配制站关闭母液。

（2）立即打开泵连通阀泄压，关闭注聚泵出口阀门，停注聚泵；关闭注聚泵进口阀门，关闭母液来液阀门，停注母液。

（3）清水由手动改为自动，控制各井注水量。

（4）在冬季，如停电时间过长，采暖需放水。

（5）与有关岗位联系，查明失电原因。

（6）来电后，启动电源开关，按操作规程倒正常生产流程。

（7）采暖加水，启动循环泵及锅炉。

37. 注聚站排污池冒池事故及处理方法

故障现象：

注聚站排污池满，污水向外泄漏扩散，污染环境，污水中有母液，易使人滑倒摔伤。

处理方法：

（1）汇报值班干部。

（2）站内人员关闭排污泵，停止排污。

（3）带领并配合排污车排污，整治清理排污现场。

（4）排污车将污水运送到指定排污处。

（5）排污池液面降至安全液位后恢复正常生产。